天下文化

BELIEVE IN READING

贏在軟實力

華人企業領袖的二十堂課

Soft Power

王力行【主編】

馬英九 連戰 王建煊 陳長文 郝龍斌 胡志強 周功鑫
嚴長壽 劉育東 白崇亮 王俠軍 陳啟宗 呂學錦 劉宇環
林垂宙 吳重雨 李家維 姚仁祿 徐莉玲 高希均——【著】

目次

二部曲　與世界標準接軌

三部曲　與楷模經營接軌

目次

四部曲　與永續發展接軌

再版的話

迎哈佛奈伊教授——朝野共同推動「軟實力」

遠見．天下文化．事業群發行人．CEO 王力行

冷戰時期最常聽到的名詞是「鐵幕」、「柏林圍牆」；冷戰的肅殺氣氛逐漸減退後，「世界是平的」「和平紅利」以及「軟實力」變成了最有吸引力的新名詞與新希望。

台灣面對艱苦的國際環境以及六十年緊張的兩岸關係情勢，哈佛大學奈伊教授提出的「軟實力」，及時提供了政府與民間新的思維以及決策的新方向。

二〇〇七年二月，高希均教授與我赴哈佛大學訪問奈伊教授時，他就告訴我們：「在當前國際政治生態下，在敏感的兩岸關係上，台灣最好的策略就是『維持現狀』。台灣要發展軟實力，才能提升對外影響力。」

二〇〇八年五月，馬英九接任總統，果然以推動軟實力做為施政藍圖的重要原則。

二〇〇八年十一月在《遠見》舉辦的論壇中，馬總統明確告訴國人：「我們不但有軟實力，還要善用軟實力，要把最早提出這個名詞的奈伊教授所稱的Soft Power，變成Smart Power，為台灣開創更好、更遠大的未來。」（參閱本書第32頁）

遠在哈佛的奈伊教授一定會讚賞這位哈佛校友在台北的這番談話。

遠見・天下文化事業群感謝奈伊教授在百忙中接受了我們的邀請，在旋風式的訪問中，講解軟實力。為了台灣自身的發展，我們也期待大家一起持續推動軟實力。

（二〇一〇年十一月八日於台北）

編者的話

集結智慧，再創高峰

王力行

二〇〇八年十一月，籌備了近半年的「全球華人企業領袖高峰會」，終於在台北的圓山飯店開啟。

這是我們盼了六年的聚會，天時、地利、人和俱齊了，才得以實現。

當我們決定以「軟實力」為大會主題時，不由使我想起了兩個小故事。

一九九一年底，中國大陸知名天文物理學者方勵之教授第一次來訪台灣。他和夫人李淑嫻教授一同到了花蓮慈濟精舍。當聽到證嚴法師說，慈濟人在安徽椒縣為水災民眾蓋了有浴廁的房子，淚水在眼中打轉，李淑嫻從皮包中取出一個封套交給上人：「你們今天做的事，就是我一直想要做的事，非常謝謝你們。」信封裡裝了一千美金。

二〇〇七年，一個跨國高科技公司把全球高層主管會議拉到台灣來辦，不少中國大陸的微軟員工得以來到台北。當他們看到台北的建築，十分失望，因為和大陸的二級城市差不多。但是在街上走動，上了計程車，接觸到的人，卻使他們大為改觀。一位團員說：「這裡的人特別友善、禮貌；也不浮躁、吵鬧。」

會後二天自由活動，他們坐捷運到了淡水漁人碼頭，一路的觀察，有人說：「這在中國，上車肯定爭先恐後；景點一定亂丟垃圾。」可是他們發現這裡有秩序而乾淨。

軟實力，就是一種愛心、包容、尊重、認真的態度；一種平等、博愛、守法、具人文關懷的精神；一種開放、創新、積極、好學的動力。

近年來，高希均教授在華人世界不斷推廣「軟實力」的重要性，也在反映「軟實力」是台灣的競爭力所在。

在台北的「全球華人企業領袖高峰會」上，貴賓們都一一從不同角度，就這個主題作了完善精闢的詮釋。

在這本書冊中，我們集結了這次高峰會中相關的會議內容，也補充邀請了幾位對「軟實力」有特別見解的專家，使得讀者有更深入、更真切的理解。

從國家，到企業，到城市，到個人，都有「軟實力」。

馬英九總統在會中特別提到：台灣的慈濟功德會，在全球「聞聲救苦」，救難、濟貧的行為，贏得許多國家的尊敬，「就是台灣『心的軟實力』」。

台中市長胡志強說，文化創意是台中的「軟實力」。文化和藝術是台中的傳統資產，「我要用文化『誘』出創意；創意也激盪出文化美質」。台中在他的努力下，引進國際藝術家、建築師，建造一流圖書館、劇院。再加上在地的多元創意餐飲、活動；這些軟實力把台中重新塑造成「文化、經濟、國際城」。

監察院長王建煊以《史記》記載漢高祖與陸賈的對話來比喻。陸賈說：「從戰馬上可取得天下；但能從戰馬上治天下嗎？」從戰馬上取天下，靠硬實力；但治天下靠軟實力。

在企業中，「市場占有率、擴張規模是硬實力」，「企業內部文化、價值觀、管理制度、領導力、創新力、品牌形象……就是軟實力」，對企業知之甚深的創投家劉宇環，以多年觀察企業成敗的因素，提出剴切的剖析。

這本《贏在軟實力——華人企業領袖的二十堂課》，是結合了大家智慧，為台灣軟實力找出路的精采文集。

（二〇〇九年三月三日於台北）

前奏

導讀「軟實力」

遠見．天下文化．事業群創辦人　高希均

一、推廣「軟實力」

二〇〇一年九月十一日美國紐約受到恐怖份子攻擊後，二個名詞突然走紅：那就是「硬實力」與「軟實力」。

當時的台灣正是陳水扁擔任第一任總統的第二年。他的兩岸政策以及與美國的關係已經開始質變惡化。隨著他執政時間的增加，兩岸關係逐步緊張。面對大陸使用硬實力的可能性，我千思萬慮之後，一面大聲提倡「和平雙贏」，一面指出台灣唯有靠「軟實力」立足世界。

二〇〇六年四月我首次在《遠見》刊出了〈台灣有展現軟性實力的實力〉。二〇〇八年十一月在圓山飯店舉辦遠見主辦的「第六屆華人企業領袖高峰會」，即以「提升軟實力，接軌全世界」為主題。當四百餘位貴賓在大會中聽到馬總統的演說中指出：「台灣要放棄武力，朝軟實力方向努力」時，獲得了全場熱烈的掌聲，我內心充滿了共鳴。

這是「軟實力」引介到台灣的簡短背景，也是王力行主編這本書的心意。

二、「軟」不是「弱」

英國在中世紀出現了一位偉大的哲人培根（Francis Bacon, 1561-1626）。在今天盛行的知識經濟討論中，大家都記得他的一句名言：「Knowledge is power」，常譯「知識是權力」或「知識即力量」。

在二十世紀中葉，資訊時代的來臨，出現了二個新名詞：「hardware」與「software」，譯「硬體」與「軟體」。

或許是受這個背景的影響，哈佛大學奈伊教授在一九八〇年代末提出了「hard power」與「soft power」的概念。前者是指一國以軍事上的強勢來壓制對方，完成國家政策目標；後者是指一國以其制度上的、文化上的、政策上的優越性或道德性，展現其吸引力。

奈伊教授指出：硬實力容易贏得戰爭；但需要軟實力才能獲得持久的和平。「軟實力」當然不是「軟弱」，它是實力的形式之一，這種觀點與我國「以柔克剛」的說法相互呼應。

「軟實力」是種能夠影響他人喜好的能力。獨裁國家的領導人習慣使用威脅或直接命令的方式；民主國家的領導人，則常借助說服力。因此，軟實力的使用是民主政治的主要手段。如果這種領導人具有人格魅力、文化素養、政治主流價值，以及推動具有合法性及道德標竿的政策，那就容易得心應手，創造政績。

硬實力透過軍力強迫或經濟利誘，可以擁有支配力——改變他人行為的能力；軟實力透過某些示範行為的吸引力，擁有吸納力——左右他人願望的能力。在現實世界中，二者常相互使用。曾任美國國務卿的萊斯（C. Rice）就說過：美國的價值不能僅靠劍（硬實力），還需要靠橄欖枝（軟實力）。

三、什麼是「軟實力」

二〇〇七年我去香港與香港科技大學朱經武校長一起討論如何「打造台灣大未來」。他以科技觀點，我以「軟實力」，相互激盪。我指出：面對中國大陸的硬實力，台灣的出路即在軟實力。

廣泛地說：「軟實力」是指別人（或別國）願意來稱讚、學習、仿效（或者購買）所呈顯的一種行為（如人的品質）、一種表現（如藝術）、一種力量（如市場經濟的運作）、一種組織（如獨立的人權機構）、一種制度（如無性別歧視），或一種產品及服務（如無汙染的觀光事業及大學教育）。

軟實力可以反映在個人的成就上（朱銘的雕刻）、團體上（林懷民的雲門舞集）、普遍性上（台灣社會的自由與開放）；它可以是有形的（誠品書店）、無形的（台灣人民的友善）；它可以是公共財（太魯閣的風景），也可以是昂貴的私人財（收藏的稀罕古董）；它可以購買（三義的木雕），也可以是非賣品（故宮的收藏）。它有時需要國家的大量投資（如教育與文化），有時需要民間研發與開發（如新產品），它可以是短期的

（如流行音樂），也可以是長期的（如中華文化）。

在人類的歷史上，最受人尊敬的是那些擁有「軟實力」的偉大人物：莎士比亞、牛頓、貝多芬、莫札特、愛因斯坦；近代中國則出現了孫中山、胡適。他們散發了歷久彌新的智慧光芒，他們對後代子孫永遠充滿了吸引力，他們留下了最珍貴的遺產：文學、音樂、科學、民主思想、開放社會。

擴大解釋「硬」與「軟」實力的十個例子

硬實力	軟實力
1. 一國擁有飛彈、潛艦、戰機	一國擁有自由、民主、法治
2. 兵工廠製造武器	學校培育學生
3. 幾百億買武器	幾百億投入教育研發
4. 國會中掌握的人頭	政策辯論中掌握的民意

5.大學中的大樓	大學中的大師
6.父母對子女的體罰	父母對子女的身教
7.老闆解雇員工	老闆以身作則
8.富人擁有的豪宅與保鏢	一般家庭擁有的親情與和諧
9.豪華的私人遊艇	社區平民化演出
10.滿街警察在值勤	遵守交通規則的行人

四、拜訪奈伊教授

二〇〇七年的一月中，在哈佛大學甘迺迪政府學院的研究室中，見到了心儀已久的奈伊教授。這位曾經擔任助理國防部長及十年院長的學者，對兩岸情勢如數家珍般對來客分析。綜合他的談話要點：

（一）在當前全球化中，軟實力遠比硬實力更能服人。布希政府已經從伊拉克戰爭中嘗到苦果。美國應對中東回教國家多展現充滿吸引力的軟實力：高等教育、男女平等、宗教自由、人權尊重。

（二）「中國希望賺錢，不希望打仗」是對的策略。中國已開始懂得如何增加軟實力，姚明、功夫電影、孔子研究中心、二〇〇八奧運，都是對中國產生吸引力的例子。

（三）在當前國際政治生態下，在敏感的兩岸關係上，台灣最好的策略就是「維持現狀」。台灣要發展軟實力，才能提升對外影響力。

第三點的說法，正與前白宮官員葛林（M. Green）對台灣的忠告相呼應。葛林指出：台灣愈強調國家認同，戰略立場愈弱；台灣要爭民主，別爭國家主權。爭民主，即是展示台灣軟實力；爭國家主權，就要靠硬實力。他的忠告：打軟實力的開放牌，才能打開台灣的國際窄門，才能保障台灣的未來。

五、「巧實力」的提出

奈伊教授最近又提出了這麼一個延伸性觀念：「smart power」，我們把它譯成「巧實力」（參閱《哈佛商業評論》二〇〇八年十一月號繁體中文版）。

「巧實力」就是軟硬兼施的整合力，正可以生動描述西方國家近百年來一手拿胡蘿蔔，一手拿棒子縱橫天下的場景。奈伊教授有感而發指出：一國的政治領袖應當知道硬實力（如贏得戰場勝利）有它的限制；因此領導力必須包含技巧的運用「巧實力」。

面對人類七十年來最大的經濟危機，「巧實力」的巧妙運用是關鍵。對付全球金融危機，「軟」實力的國家是指擁有大量外匯、高儲蓄、低外債的，中國是極少數之一。華府智庫的專家一再指出：「對付金融危機，中國非接下美國的棒子不可。」布希召開G－二〇，白宮晚宴中坐在他旁邊的就是胡錦濤。這就是擁有軟實力的現實。

另一方面，「軟實力」還包括了擁有較嚴密的法治、較透明的制度、較文明的商業行為、較高的反省應變能力。以此為準，美國則又名列前茅。因此奈伊教授認為美國在二十一世紀中仍可以持續靠軟實力領先世界。

全球重要國家領袖在二〇〇九年共商大計時，美國一面要多用巧實力，另一面就要靠其他國家領袖發揮軟實力——以相互依存及共同危安來說服彼此，共體時艱，重建世界新經濟秩序。

六、馬總統要善用和平紅利

我要提一個建議，這個建議從前似乎尚未出現過：那就是所有重要國家（包括我們台灣），連續三年共同裁減百分之十的國防支出。然後各國以省下的幾十億、幾百億、幾千億的軍費，移作協助國內低所得及失業者度過難關。當各國共同減少軍費時，國力的相對均衡不會立即受到改變，而這樣的資源調整，完全理性而又符合人性。當提出「不統、不獨、不戰」的馬英九當選總統後，我最大的放心是兩岸終於減少了戰爭的風險；我最大的盼望是：台灣終於有機會，政府可以把有限的資源少用在國防上。台灣太需要更多的基礎建設與教育投資，把它變成一個名副其實的現代社會。

當台灣減少武器採購時，等值的預算可以採購美國的軟實力：如科技、專利與人才培育。如果政府一年送八千名優秀的人員（包括公務員及優秀的年輕人）去美國深造一年，每位四萬美元，也只要三點二億美元，相當四架戰鬥直升機的價錢。

馬總統接事半年後，此刻出現前所未有的兩岸良性互動；尤其在「胡六點」的最新發展下，全民要掌握住「戰爭威脅」減少的契機，削減軍火購買，把政府資源做一次全新調整；這就會出現西方社會最嚮往的「和平紅利」（Peace dividend）——因和平而節省的軍費。

負責國家財經大計的官員，必先要充分了解「機會成本」的重要，才能做對決策上的優先次序；否則就會付出資源被排擠的慘重代價。目前台灣的國防預算約三一五一億台幣，占中央預算百分之十七點二。

馬總統須要把律己甚嚴的節儉，用到政府財政支出上；絕不浪費納稅錢在不必要武器採購上；而且要把資源進一步移植於軟實力的擴張。

【附錄】硬實力與軟實力圖解

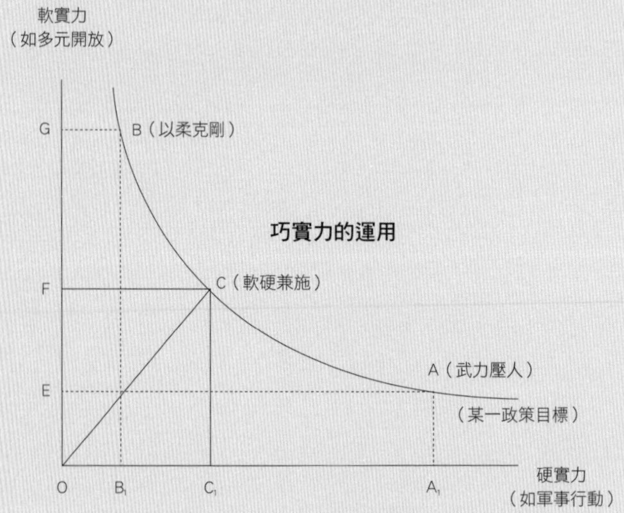

一國政府可以使用一種實力或組合二種實力，追求某一外交政策之達成（如美國推翻海珊政權），以BCA曲線顯示。

圖中顯示，此政府有三種選擇：

1. 第一種選擇：軍事行動（以A點表示），大量使用硬實力（OA_1），再配合少許軟實力（OE）。

2. 第二種選擇：軟硬兼施（以C點表示），使用幾乎相近的硬實力（OC1）與軟實力（OF）。

3. 第三種選擇：以柔克剛（以B點表示），運用大量軟實力（OG），極少硬實力（OB1）。

政策選擇的組合，正反映出決策者的遠見。「巧」實力的選擇，即在C點附近出現。美國第一位非裔總統的歐巴馬，已經變成了白宮新主人。他要改變世人印象，成為受世人尊敬的美國新總統，他就必須在軟硬之間善用「巧實力」。

（二○○九年二月十六日於台北）

首部曲

一 相信改變，轉變世界

中華民國第十二任總統　馬英九
（陳柏年　攝）

廉能政治

厚植軟實力，打造台灣新動力

馬英九

二〇〇八年五月，我剛就職上任的時候，因為通貨膨脹的關係，當時高希均教授在《遠見》的專欄寫道：「對價格太計較的同時，不要對價值太輕視」。今天討論「厚植軟實力，打造台灣新動力」這個主題，首先就應該從重視「價值」，而不只是重視「價格」的面向，來認識台灣的優勢價值。

台灣的四個優勢

台灣有哪些優勢價值呢？

一、台灣有相對健康的經濟體質

首先，台灣有二千八百億的外匯存底，而且外債非常少。其次，我們有高達百分之二十九的儲蓄率，其中有九個百分點還是超額儲蓄，投資消費應該還有點本錢。第三，中央銀行把通貨膨脹控制在百分之四．一，在亞洲僅高於日本，二〇〇九年大概可以控制在百分之二。此外，在過去這幾個月金融海嘯席捲全球之際，政府部門相當努力，尤其當美國銀行吹倒風的時候，劉兆玄院長很快便出面表示「所有銀行的存款，我們通通保障」，是亞洲第一個作出如此明快處理的內閣。這些措施都讓台灣保有比較健康的經濟體質。

二、台灣有相當扎實的基礎建設

政府遷台之初的幾十年，最重要的貢獻就是保衛台灣、建設台灣，今天台灣民眾懷念蔣經國總統，主要懷念他的十大建設，這方面的基礎建設讓我們和其他國家相比還不致太差。

三、台灣有優質而不太昂貴的人才

目前台灣受過大專教育的人數約占總人口三成或三成以上。我在擔任台北市長時調查過，台北市受過大專教育的人口占全市總人口大約將近四成。台灣的人力素質始終是非常值得驕傲的項目。

四、台灣有日漸成熟的民主跟法治

儘管二〇〇八年，在我贏得總統大選之後的三月二十二日，布希總統曾來電稱道台灣是亞洲跟世界民主的燈塔，但是捫心自問，台灣民主的品質還有改善的空間，法治更是值得再三研制。

未來的四個發展

這些優勢價值，使我們未來的路途擁有相當扎實的基礎。往後自當繼續發展這些既有的軟實力。發展的領域包括：

一、腦的軟實力

在這方面，台灣有相當強的競爭力。二〇〇八年九月號的《經濟學人》（*Economist*）雜誌智庫（Economist intelligence union，E. I. U.）評估全球資訊產業，認為台灣的競爭力在全球資訊產業中排第二名，僅次於美國。稍早，六月的《商業週刊》（*Business Week*），調查全球一百家資訊產業，「IT100」，美國以三十三家獨占鰲頭，台灣是十八家，占第二名。三年前，「IT100」中，美國是四十六家，台灣則只有十五家，只有美國的三分之一。三年後的今天，我們往前進，美國往後退。在這個評比當中，台灣在R＆D的研發位居第一名。在這些方面，台灣的競爭力是很強的。

全球的工業設計獎，包括德國IF以及RED DOT兩大設計獎，美國IDEA獎，日本G-MART獎，這四個大獎，台灣二〇〇三年參加的時候，只有十六件得獎，到了二〇〇八年則高達六百五十一件，而且其中有十七個是金獎、第一名或是首獎，五年就成長四十倍。此外，美國所核可的專利申請，在美國以外的國家中，台灣排第三名，僅次於日本和德國，可見台灣的研發能力很好。

二、心的軟實力

台灣的慈濟功德會、世界展望會，還有家扶中心等許多公益團體，在國際上有非常令人稱道的表現。慈濟功德會的災難救助，真的是「聞聲救苦」，而且贏得許多國家的尊敬。我印象最深的是，二〇〇四年南亞海嘯發生時，台北市國際救難隊立刻派團到印尼，準備向發生海嘯的亞齊進發，可是因為當地叛軍而無法進入。慈濟卻在海軍陸戰隊保護下，順利進入亞齊進行救災工作。因為慈濟長期在當地進行公益工作，跟印尼全境關係良好。我在〇四年到印尼開會時，也聽到他們一位內閣部長告訴我，慈濟幫他們把印尼一整條河整治乾淨，那條河是印尼幾十年來除不去的毒瘤，所以慈濟在印尼得到當地人非常非常高的尊敬。而家扶中心跟世界展望會收養的貧童占全球前五名，同樣不為人知卻持續行善。這些團體向國際展現台灣的愛心，非常受稱道。

在這裡我講一個自己的小故事。二〇〇三年，信義快速道路的隧道不幸在施工時坍方，有四位勞工被未乾的混凝土壓住，送到醫院後四人都不幸往生，其中有兩位是本勞，兩位是外勞。我在他們往生之前趕到醫院，內心非常沉痛，我問台北社會局長跟勞工局長要怎麼撫卹？他說，本勞統一規定是慰問金三十萬元，泰勞是五千元，我說為什麼差那麼多呢？他說仲介公司的合約裡這麼規定。這我就期期然以為不可。兩位泰國人幫助我們建設，為台北人犧牲生命，怎麼可以這樣對待呢？台北身為重要的國際城市，能這樣對待外勞嗎？最後台北市府想辦法湊足跟本勞一樣的慰問金，同樣發給三十萬，並發函知會家屬，泰國的家屬來信表示感謝。隧道完工後，在隧道旁的公園立了一座紀念罹難工程人員的紀念碑，我到現場之後，要求也要製作一份泰文的碑文。雖然台灣人看不懂泰文，也可能永遠沒人注意到這座紀念碑的泰文，但是如果有朝一日，有一個泰國人經過，當他看到上面的泰文碑文，就知道我們是多麼感謝泰國勞工對於台北市的貢獻。我要讓外籍勞工知道，這個城市有一顆心會關心他們。我覺得，心是非常重要的價值。一個偉大的城市，懂得關心不同國籍的人，沒有把他們當成外人，這是我們很重要的軟實力。

三、眼的軟實力

眼的軟實力就是視野。兩岸之間可以說充滿恩怨情仇，從一九四九年到現在，已經六十年；如果從一九二一年算起，已經超過八十年了。這麼長的時間，犧牲了這麼多人命，應該想出解決問題的辦法，取得共識之後就努力改善關係，讓雙方在不統不獨不武的情況下，逐漸降低敵意。

二〇〇八年十一月三日，六十年來大陸來台階層最高的官員，中國海協會會長陳雲林，就在圓山飯店，跟台灣簽署四項協議。陳雲林來台代表了很重要的意義：正視現實，互不否認，為民興利，兩岸和平。兩岸關係逐漸改善，和平的氣氛逐漸呈現，對台灣與其他國家的關係也有正面的影響。除了大陸跟台灣簽署四個協議，台灣也可以派層級頗高的代表參加在祕魯舉行的亞太經濟合作（APEC）會議，也獲得美國出售武器給台灣。這三樣，我們在一個月內同時達成了。

美國的風險評估公司（Business Envirorment Risk Intelligence, B.E.R.I.），二〇〇八年元月評估全球投資環境時，把台灣列入第十五名；到了九月，就提升到第五名。變化這麼大，關鍵在於兩岸關係改善。全世界都知道，教宗對台灣駐教廷大使王豫元説，他很欣慰兩岸能邁向和平。

台灣接待陳雲林來訪花很多錢嗎？沒有花很多錢。犧牲主權嗎？沒有犧牲主權。陳雲林進台北賓館，台北賓館是總統府的一部分，總統府第三局禮賓科科長在我到場時，大聲喊「總統蒞臨」，沒有任何降低國格、自我矮化的情形。

當然，未來的路還很長，但至少能夠往和平的方向發展，對兩岸都是有利的，但是，當然還需要跟不同意見的人多作溝通。一個領導人不能只看三年五年，或是準備只作一任，他要看十年二十年，而不光是下一次選舉，他要關心下一代的幸福，唯有這樣才能真正突破台灣的困境，才能夠真正走向未來。

四、身的軟實力

我覺得很重要的兩點，一是政府的效能，二是政府的廉潔。

執政者必須展現正派清廉的風格，才能讓大家放心。我擔任法務部長的時候，常說：「人民的信賴，是政府最重要的資產，而貪汙就是這個資產最強烈的腐蝕劑。」我深深感覺到，一個政府就算政績不是十分理想，只要正派清廉，人民還不會絕望。清廉雖不一定是讓人民信任政府的充分條件，卻是一個必要條件。對於台灣來講，維持政府的乾淨，真的非常重要。我們花很多力量來做這件事情，也許需要一點時間才能看出結果。

五位拉丁美洲的新聞記者採訪我有關ＡＰＥＣ在祕魯開會的事情，有位記者就問，台灣是不是有很多貪汙的問題？我聽了真的很難過，我們當然並不是如此，但是他們為什麼會有這種印象？這種印象可以改變，就看我們有沒有決心，而且我非常有信心，我們作得到，只要領導人能下定決心讓每個公務員都知道，貪瀆連碰都不能碰。新加坡在介紹自己國家的文宣資料裡有一句話：Singapore is one of a country in the world where corruption is under control.（新加坡是全世界少數幾個控制住貪汙的國家）。新加坡還是有貪汙，但是被控制住了。這一點非常重要，是很值得我們深思的面向。新加坡成功控制貪汙的主要原因是，自一九六五年獨立以來，不論哪一代政治領袖，沒有一秒鐘放棄對這個原則的堅持。香港、新加坡的廉政工作都作得不錯，也許我們應該學會如何在華人社會作出同樣的努力，只要我們有決心，尤其政治人物有決心，就作得好！

解決問題不一定要靠船堅砲利，不一定要靠大把鈔票，軟實力可以完成許多大把鈔票或者船堅砲利沒有辦法做到的事情。談到兩岸關係，我常常想起《孟子・梁惠王》裡的對話：「齊宣王問孟子，交鄰國有道乎？」兩個鄰國相交，兩個諸侯相交，互動的原則是什麼？孟子說：「惟仁者，為能以大事小；惟智者，為能以小事大。以大事小者，樂天者也；以小事大者，畏天者也。樂天者，保天下；畏天者，保其國。」二千五百年前的孟子，彷彿就是為兩岸關係問題寫下這段話。「仁」是大對小應該採取的原則；「智」是以小對大必須運用的智慧。我相信兩岸關係問題將來可以解決，因為兩岸這一代的人，已經有了不同的視野，不同的理解，不同的智慧。

我們不但有軟實力，還要善用軟實力，要把最早提出這個名詞的奈伊教授所稱的soft power，變成smart power，為台灣開創更好更遠大的未來。

我們有信心，信心就是實力的點火器，信心可以把我們的實力激發出來，為我們的國家發揮最大的力量，進入最新的境界！

馬英九先生為中華民國第十二任總統，曾任法務部部長、陸委會副主委、台北市市長及中國國民黨主席等。

兩岸宏觀

兩岸共生，要靠軟實力

連戰

在兩岸正式三通之後，決定了很多後續工作，讓大家可以不再作繭自縛，不再堅持以往的路線。仔細思考合作雙贏的現狀，可以發現一個非常重要的脈絡，就是海峽兩岸都希望放棄武力對抗，走一條能拓展軟實力的路。就台灣而言，發展軟實力更是結合一切，跟全世界同步邁進的大道。

簡單的講，「硬實力」就是強而有力的軍事力量，可以強制對方、壓迫對方，能夠達到實現自己政策目標的一種力量。飛彈、飛機、潛水艇、航空母艦等等，都是硬實力。

至於軟實力，從八〇年代美國奈伊教授的一篇文章開始，衍發各種新思維，也許至今還沒辦法很具體的下定義，但可以了解為在文化、價值、態度、政策、制度，乃至於在優先順序上選擇的作為。

由於這些影響力，取得了優越的地位，或者是道德的地位，得到他人的支持、欣賞、羨慕、讚賞，甚至於追隨。舉凡文化內涵、教育普及、機會均等、文明創新、人權尊嚴，乃至於節省能源、推廣網路等等，跟所謂的「軟實力」理念一致，兩者不謀而合。

二〇〇八年美國總統大選，歐巴馬先生提出了「Belief in change」。現在可以說已經從「Yes, we can.」到「Yes, we did.」他已經成功了、勝利了，開始要真正推動一系列改變。

記得在勝負揭曉的那一晚，他對二十多萬芝加哥支持者說：今天晚上，我們再一次證明了，我們國家的實力，美國真正的實力，不是來自於強大的軍事力量，也不是來自於優勢的財富、財力，而是來自於歷久而不衰的信念、理念。那是什麼呢？那是民主、自由、機會、還有永不退卻、永不低頭的希望。

歐巴馬所要證實的美國真正實力，全是軟實力，沒有一樣是硬的。

我在二〇〇四年一、二月，出了一本書，叫作《改變，才有希望》。當時國內、國外，對內關係、對外關係，全部糾葛在意識型態的對抗之中，幾乎無以自拔。一天到晚內耗、浪費自我，是非常可怕的一段日子，大家所期盼的和解、共生、團結、奮鬥，好像已經是一個遙不可及的目標。於是我在《改變，才有希望》一書裡所談論的主題，就是如何放棄對立、放棄對抗，堅持和平，走向雙贏。

「第六屆華人企業領袖高峰會」就人才、科技、綠能以及網路等主題，思考如何結合台海兩岸，藉企業界領袖的智慧，從開放、交流、學習、整合之中，一步一步提升彼此能貢獻、能築建的新的軟實力。

在企業、經濟、貿易、金融領域裡，必須能夠善用自己的人才、資金、技術、管理、組織、服務、網路。

此外，還有我們的文化、價值觀，中國儒家的思想等等，太多太多了，我們是真正可以在經濟領域裡面開疆闢土的民族。

中國人擁有強大的經濟網絡，走遍世界各地，都有我們的華商，是真正的日不落經濟國。

中國人重視教育，正如同王永慶先生講的「勤儉樸實」，這不只是王先生一個人，而是中國企業在經濟發展領域中，所展現的特質。

這些都是我們的軟實力，卻始終沒有機會好好發展。

如今形勢已經改變，而且是很大的改變，我希望藉今天的機會來呼籲，也許我們可以認真思考，經由「華人企業領袖高峰會議」，讓我們一起來推動「寧靜的提升」，提升我們的軟實力，讓我們從對抗，真正走向和平，每個人都可以享受希均兄所講的「peace dividend」紅利；讓我們從封閉走向開放，每個人頭上都有一片天；讓我們從偏見、歧視，走向平等，大家都有公平的機會；讓我們從傲慢走向包容，每個人都能有自由的選擇，有尊嚴；讓我們大家從獨占，走向分享、共享。

今時今日，兩岸形勢豁然開朗，而世界正面臨前所未見的金融、經濟危機，希望大家能夠共同籌謀，提供具體、有效的建議，在我們共同的努力之下，相信二十年以後的二十一世紀，將是中華民族真正燦爛的、絢麗的時刻，也是我們鴻圖大展的時刻！

連戰先生為兩岸和平發展基金會董事長、中國國民黨榮譽黨主席。曾任第三任中國國民黨黨主席、第九任中華民國副總統、行政院長、外交部長、交通部長、台灣省政府主席等。

品德化育

以愛為主軸，培育人類新希望

王建煊

《史記》上記載，漢高祖時，有位跟隨高祖平定江山的楚人，名字叫陸賈。陸賈常在高祖面前稱道詩書。高祖對他說：「天下是戰馬上打下來的，何必要詩書！」陸賈回答：「從戰馬上可取得天下，但能從戰馬上治天下嗎？」

漢高祖所說「從戰馬上取天下」，指的應該是軍事力量。兵馬糧草充足，軍士勇敢善戰，將軍指揮若定，這些都是硬實力（hard power）。

陸賈說「但能從戰馬上治天下嗎？」說的則是，單靠軍事的硬實力可以治國嗎？當然不行，必須靠軟實力（soft power）才行。歷史上許多在軍事上烜赫一時的帝國，很快就消逝得無蹤無影，都是因為缺少治國的軟實力。

中華歷史上兩次重要的外族入侵，建立了元、清兩朝，它們之能有數百年歷史，主要仍是靠漢人以漢文化治理國家，這是元、清兩朝君王聰明的地方。他們都知道靠軍事打天下的硬實力，無法治理這樣龐大的國家。

台灣之愛牽繫兩岸之情

軟實力的範圍很廣，但是我認為最重要的軟實力是「愛」，因為愛是一切力量的源頭。軍人愛國家，軍人就不怕死；文官如果愛國家，他就不會貪汙。一個國家如果武官不怕死、文官不貪汙，這個國家焉有不富強的呢？

就以兩岸的關係來說，兩岸如果要和解，和平發展，甚至說有一天要統一，是靠硬實力，還是軟實力呢？我認為不是硬實力。如果是靠硬實力，兩岸早交戰了。我認為一定是靠以愛為主軸的軟實力。

以二〇〇八年五月十二日四川汶川大地震來說，台灣人民的捐款，排第一名。王永慶捐了一億元人民幣（約新台幣四億五千萬元），紅十字會彙總的捐款更高達新台幣十五億元。

大陸人民深深感到台灣同胞雪中送炭的溫暖。在報紙民意論壇版上有人寫文章說，在大陸做愛心工作，是促進兩岸和平最本小利大的投資。兩岸若能維持和平關係，對台灣就是最大的福祉。

事實的確是這樣，例如許多人在大陸偏遠地區捐建希望小學，王永慶先生一口氣捐了一萬所。學校竣工典禮時，除了師生，連村子裡的居民都跑來參加，十分熱鬧。他們都說：「感謝台灣人民沒有忘記我們。」他們心中都在想，這些台灣人又不認識我們，從大老遠的地方來，為我們建這麼好的學校，台灣人真不錯。

促進兩岸人民對彼此的觀感，還有比這更強有力的事嗎？

撿回失學珍珠，發光未來

我個人與幾位愛心人士，共同創辦了三個慈善基金會，分別設在台灣、美國及大陸。

我們在浙江省平湖市辦了兩所高中，一所普通高中，一所職業高中。校址利用一所遷走了的公立高中校舍，所以不必花錢買地、建房子，一切都是現成的，不營利，二十年後學校還給當地政府。

學校第一年招生，就發現許多初中畢業生，成績特優，但家境特困，大陸稱為「雙特生」，無法念高中，實在可惜。這就好比一顆大珍珠被丟進了垃圾箱。

我們就仿效台灣曾在師範學校實施過的公費生制度，讓這些雙特生來我們學校就讀，學費、食宿、書籍均免費，我們稱這個計畫為「撿回珍珠計畫」。

撿回珍珠計畫第一年招進「珍珠」二十一人，第二年四十人，第三年八十一人，去年快速增加為一千六百人。

錢都是善心人士所捐的。我們在大陸選了十九個省，在三十二所一流高中辦了三十二個珍珠班，每班原則上五十位同學。二〇〇八年更擴張到五十四個班，共兩千七百名學生。

我們招進來很多孤兒、棄嬰、父母有一方過世的單親家庭及父母零就業家庭的子女，以及其他根本沒能力讀高中的孩子。

他們都拚了命讀書，因為他們都知道，這是唯一的機會。現在頭兩屆的珍珠學生都已考上大學，並有愛心人士繼續支持，很快就能看到這些孩子大學畢業，服務社會了。

中國大陸高中升大學的聯考稱為高考，是競爭十分激烈的考試。高考按成績填志願分批分發，第一批分發的大學是最好的大學，稱為重點大學。評量一所高中的優劣，就看考上重點大學的人數比例。我們在平湖辦的高中，每年六百位畢業生，考上重點大學的不及十人。

可是我們在全大陸各地辦珍珠班的高中，都是當地數一數二的優秀高中，錄取重點大學的比例，平均為百分之五十。換言之，六百位畢業生，有三百人考上重點大學。有人告訴我，你們來辦的珍珠班有可能百分百考上重點大學。

我在想，以現在五十四個珍珠班，共兩千七百人，以百分之五十的錄取率計，應有一千三百五十人考上重點大學。

假設其中有百分之十，也就是一百三十五人，考上北大、清華、復旦、浙大等重點中的重點大學，這應該是很保守的估計吧！

這一百三十五人中，如有百分之十，即十三個人，在畢業十年或二十年後，可能成為國家領導人、部長、省市長、校長、大企業家、科學家。這些人會成為國家掌權的核心人物，其重要性，不言可喻。

品德教育是全球禍福的關鍵

珍珠班的孩子個個用功，成績好，不用擔心。我們現在最注意他們的品德教育，訓練他們懂得感恩、惜福，懂得回饋、幫助他人，希望他們都能成為心中充滿愛、寬容、廉潔等高品格的人。

這些珍珠班孩子，將來如果考上北大、清華等大家夢寐以求的大學，但品德卻很差，我們就認為「撿回珍珠計畫」是失敗的。

所以我們大力加強品德教育，如果將來有一天，他們成為國家領導人或重要骨幹，有理由相信裡面有才有品的人一定不少。由這些人領導十三億人，對這個國家一定可以有許多美好的期待。

中國大陸將來一定會成為全世界最富強的國家之一，不管你喜歡或不喜歡都是如此。

人口學家推估，大陸人口將會增到十五億，是美國的五倍，國民所得終有接近美國之日。現在一個美國，就能如此影響世界；將來有五個美國能量的中國，對世界的影響力，真是難以想像。

這樣強大的中國，如果領導階層的人心中缺少愛，或是十分驕傲，甚至想統一世界，那麼強大的中國將是全世界人類的災難。相反的，如果大陸未來的領導人是享受過愛，懂得回饋、付出愛，是高品格的人，他們的愛會遍布全世界，那麼強大的中國，將是全人類的福祉。

我這樣講，大家會覺得扯太遠了，但是我的邏輯十分清楚，將軟實力的愛，注入大陸一批有優秀體質的學生身上，讓他們成為極有愛心的人，透過他們對大陸的領導，促進全世界的和平，造福全人類。請問世界上現在還有什麼樣的硬實力能促進世界和平、造福人類的呢？

愛是一切力量的源頭，愛是軟實力的主軸。只有發揮這種軟實力，全世界才有美夢相隨。過度強調硬實力，只會給人類帶來災難。

王建煊先生為監察院院長，曾任財政部部長、立法委員、新黨領導人。以耿直敢言被媒體封為「小鋼炮」。在台灣成立「財團法人愛心第二春文教基金會」，在大陸及美國分別成立愛心教育基金會，因為他認為教育是最偉大的慈善事業。

法治軟實力
民本出發的法治觀

陳長文

說台灣是一個法治國家，大概也不會有人反對；但如果問台灣是不是一個有品質的法治國家？可能就會有人感到猶豫。

什麼是法律？

什麼叫法治？又什麼叫做有品質的法治國家呢？在我看來，所謂有品質的法治國家，首要衡量的就是建構法治的軟實力，也就是：以民為本的法治觀。要談這個題目，就不能不從什麼是「法律」這個概念談起。

一、法律是立法者所制定的規範

在民主國家，嚴格意義的法律，一般必須經過立法機關通過，才能對人民產生效力。這種定義是「通說」，但是以下的四種定義非常值得我們注意。

二、法律是法官的判決

廣義言，也包括檢察官對刑事案件的起訴書或不起訴處分書。因為法律條文是死的，何時發生效用才是重點。不論民事糾紛或刑事案件，一旦法官做出終局判決，則不啻是為法律作出最權威的註解。

三、法律是律師透過他們對當事人的問題依法律做出的分析和建議後，由當事人據以做為行為或不行為的決定

表面上律師的法律意見僅供參考，並不具拘束力。然而實際上，社會上眾多的法律問題，並非均會進入法院、送進法官手中，反之，絕大部分的法律案件，往往當事人會依從律師的建議，或私下達成和解，或甚至在律師的事前建議下，根本的迴避違法或侵權的可能性，從而根本的「防止」民刑案件繫諸於法院的可能性。

四、法律是國家公務員所作出的行政處分

單就數量來看，影響人民最常也最深的，往往不是法院的判決或律師的意見，而是行政機關所作出的各種行政處分或行政作為。對於法院，當事人可以也可能迴避，但行政機關透過行政處分對人民的干涉，包括課徵稅捐、處以交通罰鍰等等核發證照，卻往往無從也無法迴避的。因此，法律絕大部分發揮影響力的場域，實際上是透過行政機關的行政處分而行之者。

這四說，也剛好歸納了牽涉法治、詮釋法律最主要的四類人。而這四類人，該當擁有什麼樣的「法治觀」，這就會反映到法治的軟實力上。換言之，這四類人，要如何看待自己所掌有的法律詮釋權？

五、法律是人民心中對公平正義的投射

對立法委員言，立委的法律詮釋，會透過立法權形塑國家的法律，若缺乏有品質的法治觀，很容易立出惡法，戕害人權、傷及國本；對法官言，若缺乏有品質的法治觀，就會做出悖於公義、逆於人情的判決，而傷害國家司法的公信；對律師言，若缺乏有品質的法治觀，也將損害委託人的權益，增加社會的糾紛；其中最重要的則是政府公務員，我們常說公務員要「依法行政」，公務員要依的「法」是什麼「法」呢？這時就必須建立一個更上位的標準。這上位概念可以歸納為第五說：法律是人民心中對公平正義的投射。

更明白的說，不論是立法者、法官（包括檢察官）、律師或公務員，都必須讓自己回到一個民本的思考，去想像、去理解、去探問，法律在人民心中所想望的意義、所代表的價值是什麼。簡言之，無非就是公理正義，如是而已！

換言之，當立法者制定法律、法官做出判決、檢察官做出起訴書或不起訴處分書、律師提出法律意見、政府公務員作出攸關人民權益的各項處分時，心中牢記的不應只有死的法律條文，而應回到人民所期待的公平正義以觀，來決

定自己該依憑什麼樣的法律認知、法律態度，作出符合公平正義的法律詮釋。

什麼是法治的軟實力？

事實上在台灣一直存在著法治軟實力，也就是法律人品質欠缺的問題。這也不斷的打擊台灣人民對法治的信心。國會立法的品質與速度頗受詬病；法官的判決標準不一，以及因司法資源不足或法官本身漫不經心之故，使訴訟延宕毀人一生，甚至冤錯多有；檢察官扭曲筆錄濫權起訴或濫行聲押，或濫用職權，縱放罪犯而濫權不訴；律師不精進專業，不憑法律信念做出法律意見，甚至誤導委託人違法；而部分公務人員也因為擔心扛責，不合理的限縮乃至扭曲法律文義，作出不合法理、不符公義的行政處分，以致人民的權益受到侵害。

一、以民為本的法治觀

法治的軟實力何在？我認為，只有當以上這些與法律詮釋息息相關的法律人（不管是不是學法律的），都能執著與民眾同一、以民為本的法治觀時，才不會因一己之主觀偏執，或因拘泥於死板的、表面的法律文義，傷害了法律的真精神。唯有「人」的品質提升，這才是法治軟實力的最大基礎。

例如：筆者的住家被政府錯誤認定為營業用，而被溢課稅金長達十五年，但行政單位卻扭曲法律解釋，只肯退還五年內的溢收稅款。姑不論法律不但沒有規定政府不能退還超過五年的溢收稅款，甚至明文規定政府於違法處分時得於任何時候撤銷該處分；就以最簡單的人情事理論，政府犯了錯多課了人民的稅，如果民眾超過五年沒有發現，政府就可以不還，這道理說得通嗎？

如果道理說不通，公務員怎能扭曲法律解釋？訴願委員、行政法院法官怎能曲意維護行政機關違法不當的行政處分？

二、有品質的立法者、釋法者與執法者

由此也會發現，法律與人不是對立的兩個概念。而是互相支配、互相依循、互相影響的兩種機制。換言之，法治不完全是和人治相對立的觀點，因為

法律終究仰仗人的執行、人的詮釋（特別是權力者的詮釋），如果法律的制定者、詮釋者、執行者，本身沒有站在人民的角度去思考法律的制定、詮釋與執行，再完善、再周延的法律，也可能成為侵犯人權、毀壞公理的惡獸。

台灣是不是一個有品質的法治國家？先問問台灣有沒有一群願謙卑站在人民角度思考法律真義，有品質的立法者、釋法者與執法者吧！

說完了台灣的法治軟實力，中國大陸所面對的挑戰更是千百倍於台灣。這則是中國大陸的功課。

縱觀歷史，展望未來，兩岸的人民與政府，都應該相互學習、共同致力法治軟實力的提升。這才是長治久安之計。

陳長文先生為理律法律事務所所長暨執行合夥人、中華民國紅十字會總會會長。曾任海峽交流基金會首任祕書長，為認真的法律人。

市民服務

打造夢想之城

郝龍斌

二十一世紀全球政治經濟最大特色，在於城市之間的競爭取代了傳統以主權國家為單位的模式。如何提升城市的國際競爭力，無疑是我們無法迴避的挑戰。

展現城市魅力，接軌世界

當我們把座標著眼在城市的量度上，發現傳統軍事與政治強權的分析架構，很難妥善定義城市的崛起與振興，無論製造中心、金融中心、交通樞紐等城市所具備的強大功能，都要靠觀念革新、技術創新與人文價值的說服力，才能在國際競爭中脱穎而出；亦即城市競爭力更著重在激發與厚植「軟實力」，在於展現城市魅力，這也是台灣，乃至於首善之都的台北，接軌世界所必行之路。

掌握軟實力，是持續向上提升的關鍵。常有觀察家說，台北是座被嚴重低估的城市，因為無論從人文的深度、法制條件的具備、商業環境的健全、基礎建設的完善，台北均已具國際一流城市水準。台北更是全球唯一具備行政、立法、司法、媒體完整四權的華人城市，人民享有高度言論自由，卻又展現敦厚與包容特色。人，是台北最重要的資產。

過去長達十年的鎖國，讓無從與國際浪潮接軌的台北，逐漸失去文化與經濟的國際影響力。藍綠對立格局，更使台北在發展與投資上無法有效挹注，嚴重戕害進一步發展的競爭力。台灣經濟結構已走到十字路口，如何突破停滯不前的困局，已是刻不容緩的課題。

以教育提升競爭力

面對困局，我們唯有持續厚植軟實力，振興知識經濟，奠定台北在高科技產業與服務產業中的先驅地位，並致力提升國民整體美學與人文素養。在二十一世紀，知識不只是力量，創新觀念才能開闢新局，也唯有拉高視野，才能在下個世代國際競爭格局搶得先機。

至於實現理想的關鍵，則在於有效提升教育品質。

教育並非最廉價的投資工具，以往我們就是落入這種工具論的迷思，使教育側重在啟發孩子智育的發展，卻忽略了品格教育、美學教育、群己教育對打造優質生活環境、發展軟實力的重要。這種揠苗助長的教育方式，不但使教育品質停滯不前，也使學業上的競爭異常激烈，學生自然也無從多元學習、多元成長。

我們之所以全力推動一綱一本政策，除了減輕學生學習壓力、降低家長經濟負擔的考量，更是要藉著一校一特色、一生一專長等重點措施，鼓勵學生積極開發智育之外的學習旨趣，打破側重智育的發展方向。當下一代培養出美學、群己關係等人文素養，我們的未來性將更為多元而豐富，在台灣多元包容的創作環境鼓勵下，我們未來的文化創意競爭力將更為突出。

便民機制提升公部門執行力

軟實力絕不是民間的專利。台北市政府從二〇〇八年七月開始，擴大實施一九九九市民當家熱線，這就是公部門發揮軟實力的另項例證。過去很多人質疑，政府機關沒有上緊發條，即便像台北市政府這類績效卓越的公家單位，服務滿意度超過七成，但民眾的抱怨也從沒少過。

因此市府團隊引進民間客服概念，使一九九九成為二十四小時專人接聽、接受申訴、派工服務的客服中心。只要你需要，市府隨時在你身邊。

結果三個月不到，一九九九每月來電數接近十四萬通，其中要求市府派工處理噪音、違停的來電，未在限期內處理完畢的比例不到百分之一。一九九九的成績好到連中央部會、民間企業與縣市政府，都相繼來考察，到底台北市是怎麼辦到的？

就像已故台塑董事長王永慶所說，管理就是計較細節，無止境追求合理化的過程。一九九九不只是一個電話號碼、一種服務態度或一項便民服務，事實上，這是種全新的管理機制，要求公部門服務轉型為「顧客導向」、「市民導向」。

市府沒有花大錢，只是透過機制的設計與轉型，就能持續提升市府團隊的執行力，並且把台北市民積極維護公益的動力，化為監督的壓力，透過單一窗口直達市府神經末梢，這就是軟實力在奏效。

我相信，當官員必須轉過身來，直接面對市民，自然就會上緊發條。我們也以最嚴格的績效管考，要求市府團隊展現執行力。畢竟有了執行力，才談得上競爭力。

這種要求公部門服務功能轉型的趨勢，一如捷運服務、資源回收，勢必成為其他縣市或亞太城市學習跟進的對象，我們也有義務持續提升一九九九的功能，帶領其他都會進入市政新時代。

小而美的夢想之城

改變，有時只要輕輕地轉過身來，就能贏得全新的世界。柔弱勝剛強。過去當局打著烽火外交的旗號，並沒有讓台灣與世界接軌，反倒是台北市政府獲邀到二〇一〇年上海世界博覽會「最佳城市實踐」區參展。這是中華民國自一九七二年退出聯合國以來，首度在世界博覽會中設立展覽館，憑藉的卻只是市府推動的資源回收與無線寬頻兩項市政服務。沒有花費金錢，沒有刻意爭取，卻能在國際上協助台灣發聲，提升國際形象，達到靠公眾服務品質前進世界的目標。這也是軟實力收到實效的最好例證。

台北面積雖小，但格局可以大。我們也許沒有資源搞張藝謀式的大場面，卻可以發揮如李安般的細膩質感。這就是台北，靠著豐富人文與獨立思考打造出的夢想之城。

發展軟實力是我們突破當今困境的出路，也是競爭力升級的重要關鍵。這是思維模式的創新與改變，台北已然在這條路上大步邁進。

郝龍斌先生為台北市市長，積極推動一九九九市民當家服務熱線。曾任行政院環保署署長，推動限用塑膠袋政策。

城市經營

用文創經營城市

胡志強

城市的臉孔

每一座城市都有屬於自己的臉孔，當大家提到城市的名字就會聯想到她的「城市臉孔（特色）」。提到巴黎，我們的大腦會浮現婀娜多姿，綻放浪漫風采的艾菲爾鐵塔；談到倫敦，我們會想到讓英國人滿臉浮現驕傲表情的倫敦塔（鐵）橋；說到紐約，我們會聯想到象徵美國人民爭取民主、自由的自由女神像；論到北京，我們會憶起集中國古代建築、文化、藝術精華於一身的紫禁城；如果說到台中，那屬於台中獨特的「城市臉孔」又是什麼呢？是矗立台中公園，擁有百年歷史、典緻優雅的湖心亭？還是享有「被上帝親吻過的嗓子」美譽，為台中獻上最後一場告別世紀演唱會的世界男高音帕華洛帝？或是美味可口、馳名國際、充分代表台中可口美食的太陽餅（或珍珠奶茶）？

不管是巴黎、倫敦、紐約、北京還是台中，一座城市要在國際舞台勝出，就要擁有一張獨具特色的臉孔！一座城市沒有特色，就永遠沒有人會記得你。不管是建築、美食還是觀光景點，能讓大家印象深刻，就是「城市的臉孔」。身為台中市市長，我的使命就是要讓台中勝出！台中要在國內勝出，就必須先在國際出名，要在國際出名，更必須要有特色，而「文化創意」則是型塑「台中城市臉孔」的最佳首選。因為「文化創意」是超越政治藩籬的思考，她就像城市的命脈，賦予城市的活化與再生。

用文創經營城市的三大概念

文化是人類生活的總稱；文化更是門好生意！有人說：「生意是什麼？它

是生動的主意。」我覺得：「要求生動，就要有創意與活力！當『文化遇見創意』，那就是在人類生活中注入活力十足的生動主意！」在文化與創意融合的思維下，我看見了台中的未來！我也下定決心要讓「文化」成為城市經營的利基，要讓「創意」為城市注入源源不斷的活水，讓城市在「文化」及「創意」的加持下，全面性的發展。這就是用文創經營城市！

創意揮灑與文化產業共生共榮

有人問我，為何要用「文化」作城市經營的利基？我的答案很簡單：因為文化與藝術本來就是台中市無與倫比的傳統資產。但「文化」又如何作為城市特色呢？我想，創意是關鍵！我們必須用文化「誘」出創造力，重創意就要重文化！如此，創意將激盪出文化美質、帶動文化產業，創意與文化相輔相成、共生共榮，這就是用文創經營城市的第一個概念。

創意不能落空：需要、疼惜與市場

用文創經營城市的第二個概念就是創意不能落空！創意要有需要、有市場，更要能疼惜我們所要服務的市民。「創意經濟之父」約翰．郝金斯（John Howkins）於二〇〇七年指出「文化創意經濟已成二十一世紀世界經濟主潮流，創意指數與經濟指數有密切關係，全球核心的創意經濟產值達二．九兆美元，不同國家並以百分之五至百分之十五的速度成長」。這說明掌握市場的創意，落實於產業後，將產生傲人的經濟產值。二十一世紀的現代城市經營，創意是絕對必需且不容忽視的，在公部門更是屬於低度開發，值得我們努力投入。

不能成為第一，至少成為唯一

二十一世紀是城市崛起的世紀，一座城市要出頭，就要走別人沒走過的路！台中要與其他城市競爭，我們不一定能成為「第一」（No. One），但絕對要是「唯一」（Only One）！只有唯一才是永續的競爭力，只有創意能打造唯一，讓台中成為一座獨一無二的國際城，也才能不斷累積城市競爭的能量，這是用文創經營城市的第三個概念。

文創實力三部曲：硬底子、軟實力、Q經濟

掌握創意，就擁有實力！台中在這波城市競爭中，除了透過「文化創意」找到自己的全球定位，更是面面俱到、從容不迫的軟硬兼施，建構硬底子（Hard Basis），揮灑軟實力（Soft Power），打造了令人驚豔的「Q經濟（Dynamic Economy）」！

文創實力首部曲——建構硬底子

文創具高度整合的特性，文創必須在文化設施、經濟、交通、環保、教育、治安等範疇整合及支持下，才能展現魅力。少了展演空間，文創就沒有實踐標的；沒了支持經濟發展的產業，文創也就相形失色。一座城市是否能打造具吸引力的硬體環境，讓城市全面發展，對文化創意揮灑的成敗，具有決定性

的影響。

所以在台中市政經營上，我用六大願景打造十二大建設來奠定台中市的文創發展基礎，這包括塑造都會雙新綠核心——水湳機場、新市政中心；打造大肚山科技走廊——中科、精密機械園區、文山工業區；接軌國際展演活力城——戶外圓形劇場、大都會歌劇院、洲際棒球場；重塑人文之城新意象——國家圖書館、歷史建築再利用、台灣建築設計與藝術展演中心（TADA）；建構世紀交通大動脈——都會捷運、鐵路高架化、台中車站更新、特三號道路、市政路延伸、生活圈四號道路；活絡生活優質家園——鎮南休閒商業專業區、後期發展區解除禁限建、體二住宅更新等，層面涵蓋了經貿、交通、居住環境、文化及體育建設等，總投資額約為新台幣二兆三百四十四億八千萬元。這些硬底子的規劃和建設已逐漸發光發亮，在國際舞台嶄露頭角。未來，台中市將有一座榮登未來全球九大地標的大都會歌劇院、一座仿效紐約中央公園或倫敦海德公園的都會大綠地公園。台中的未來，必然更加精采。

文創實力二部曲——揮灑軟實力

台中是一個具有多元創意與文化的城市，這樣的風格型塑了台中的生活創意。許多奇特的吃喝玩樂都由台中開始，像是珍珠奶茶、泡沫紅茶，這些創意經驗告訴我們「餐飲＋創意＝驚人產值」！而這些創意的素材都不是新創的，就如西方諺語「每個新點子，其實是兩個舊點子的相遇」。文創的軟實力就是讓創意有效運用並創造更高價值。在二〇〇六年的狗年，全台各地不約而同以「台灣土狗」為元宵燈會主題，以求「政治正確」。但是，台中決定要貼近提燈籠小朋友的心，選用他們最熟悉、最喜愛的狗，於是當台中市點亮獨步全球的史努比主題燈後，立刻成為全國焦點，連台中市政府限量提供十萬個「史努比提燈」，也都供不應求，據說在網路競標上甚至喊價六百元，這是前所未有的經驗！等到鼠年，更是由老少咸宜的「米老鼠」擔綱。這就是一種創意加值的表現，也代表了開創新局的思考。

在構築硬底子的同時，台中市揮灑軟實力的步伐一刻也沒停過。我們不惜大費周章一再推出超水準的國際級文化表演活動，像是維也納愛樂交響樂團二

○○三年來台第一場演出，就先到台中；馬友友二○○四年來台的唯一表演，也在台中；世界男高音帕華洛帝二○○五年在台的唯一一場演出，還是在台中；以及二○○六年在圓滿戶外劇場舉辦十二人二十四手聯彈一台琴、二十四個樂手聯彈二十四架琴，組成一○五六鋼琴密碼；二○○七年吸引近五萬多人參加的「清音民歌會」、二○○八年義大利盲人歌手安德烈．波伽利首度在台演唱會、打破金氏世界紀錄的千管薩克斯風齊鳴飆爵士等等。

除了一場接一場精采無限的表演，面對「e世代」的來臨，我們首創網路偶像劇「舞動台中」、「琴定台中」來行銷台中，用貼近「e人類」的網路來讓台中接近他們，讓他們喜歡台中。台中的文創氛圍也開始影響了私部門，以創意美學聞名的一家書局，更是在節能減碳的環保概念下，用創意在市中心建造一座「最綠建築（Greenest building）」，以十五萬棵植栽鑲嵌成亞洲面積最大的室外植生牆，讓文化、創意與環保相結合，這就是文創生活化與平民化的呈現。

在台中文創就是生活！在台中辦活動不僅僅是活動，更是一種生活品質的提升！涵蓋文學、戲劇、音樂、藝術等超過百場的藝文表演活動，場場精采，大大提升了市民的文化素養；市民的熱情參與，更是給予城市經營者最大的回報。在軟硬兼施的文創實力下，台中參加英國倫敦世界領袖論壇舉辦的城市競賽，在四百多個城市競逐十五個獎項中，台中市首次參加就獲得「二〇〇七最佳文化藝術城市」殊榮，不僅擊敗勁敵美國新墨西哥州阿爾伯克基市及祕魯首都利瑪市，更成為台灣第一個獲得此項殊榮的城市，也是亞洲唯一獲得這項殊榮的城市。

文創實力三部曲——驚豔Q經濟

獲獎是一種肯定，但是我更關切的是台中的進步，市民的幸福！現在我們可以很自信的講，軟硬兼施的文創實力帶來了令人驚豔的「Q經濟」！為何我說是「Q經濟」呢？因為軟硬適中就是「Q」，就像台中名產珍珠奶茶中的粉圓一樣，又Q又有彈性，相信台灣人一定最懂得這種Q、Q有彈性的真髓。其實「Q經濟」隱含的是Cute（靈巧）加上Quality（品質），也是Dynamic（活力）和Energetic（能量）。台中市要以創新的觀念與方法推動市政，以國際頂尖的文化建設與活動帶動經濟，快速提升城市競爭力與世界接軌，這就是「Q經濟」。

啟用文創經營城市，在台中市已經帶來全面性的發展！在活絡藝文上，台中市民文化活動參與率自二〇〇二年的百分之三・九四上升到二〇〇七年的百分之三一・九二；在經濟成長上，全市失業率從二〇〇二年百分之五・四下降到二〇〇七年百分之三・九、二〇〇七年台灣縣市政府招商績效評比第一名、二〇〇七年平均家戶所得收入為一二五・六萬元，較二〇〇六年增加百分之八・一八，大幅領先台灣地區（百分之〇・八二）、台北市（百分之一・五七）及高雄市（百分之一・一九）、二〇〇二年至二〇〇七年台中地區房市推案額成長百分之三六一、都市地價具代表性地區平均成長百分之二五〇、家戶平均購屋比每年以百分之十成長，二〇〇四至二〇〇七年連續蟬聯四年全台之冠、二〇〇二年到二〇〇六年的營造總投資額成長百分之一六七、文化休閒產業總投資額百分之一三一、台中最大百貨業新光三越營業額成長百分之一五六（台中店營業額占該公司全省總營業額之半）；在財務穩健上，台中市每萬人徵收稅額自二〇〇二年四億元逐年成長到二〇〇七年五・三億元、市政支出亦從二〇〇二年二九〇・〇二億元大幅成長到二〇〇八年六〇〇・五五億元，但是我們沒有因而增加債務，台中市的長期債務餘額比率反由二〇〇二年的百分之十七・〇七下降到二〇〇七年的百分之四・二四；在治安改善上，犯罪率由二〇〇二年每十萬人發生五〇五五件，下降到二〇〇七年的每十萬人發生三二八三件。

永恆台中

回首從前，用文創經營城市，讓我們超越了城市競爭的思維。我們已經成功打造一張屬於台中的臉孔，營造自己的特色！在「文化、經濟、國際城」的定位下，由市府團隊開始，落實「市長如店長」的企業經營理念，市民就是我們的顧客，我們給予最高的專業保障，讓顧客滿意、信任與幸福。台中品牌躍上國際列車，登上世界舞台！我們深信：「財富會消失，權力會更替，生命會凋萎，只有美和創造力，永垂不朽！」

美哉，永恆台中！

胡志強先生為台中市長，長期積極推展藝文活動及建設。歷任新聞局長、政府發言人、駐美代表、外交部長、國民黨文工會主任等要職。

二部曲

與世界標準接軌

亞都麗緻飯店總裁　嚴長壽
（陳柏年　攝）

藝術推廣

文化·創意·博物館

從「故宮文化創意產業育成中心」談起

周功鑫

一、前言

伴隨著科技的進步和全球化的趨勢，文化創意產業逐漸成為產業重點項目，目前許多國家莫不亟思藉由藝術創作、企業管理與商業機制，彰顯和發揚自身的文化特色，藉以增加人民的文化認同與產業的附加價值。一九九七年英國率先以「文化創意產業」作為國家重大發展政策而全面推動，宣示了「藝術文化」在全球「知識經濟」中的重要性。

在這股以文化創意引領知識經濟的潮流中，博物館界開始思考自身的營運策略，例如英國維多利亞與亞伯特博物館（Victoria and Albert Museum）將「研究博物館在輔佐英國文化創意產業上所能扮演的角色，並成立規畫團隊以發展該領域」作為因應趨勢而調整的營運策略之一；而國立故宮博物院在近年來亦有所作為，例如軟硬體基礎建設、數位典藏、數位博物館加值應用計畫等，期望博物館所蘊藏的文化知識，不但能轉化為另一種推廣的形式，更能達到經濟效益。在經營管理方面，故宮開始運用企業管理和行銷等觀念，進行營運和組織上的變革，以面對競爭力和永續經營的挑戰。

二、博物館在文化創意產業中所扮演的角色

一九九五年英國率先提出「文化創意產業」，創造了驚人的產值，亦造就席捲全球的浪潮，在亞洲尤以韓國為最，印度、日本、泰國、新加坡乃至海峽兩岸的台灣與中國大陸均紛紛跟進。成功的博物館行銷經驗、博物館與建計畫不斷介紹給世人，「文化是門好生意」的概念一再被強調，在這樣的前提下，

博物館中具有經濟效益的活動，也一直被提出來討論，使得世人對於博物館的角色功能，產生有別以往的看法。

（二）博物館營運和組織變革

二〇〇八年七月二十四日美國《商業週刊》（*Business Week*）刊出一篇〈歡迎蒞臨羅浮宮股份有限公司〉（Welcome to The Louvre Inc.）的文章，隔週《時代雜誌》（*TIME*）亦跟進一篇專論〈搞什麼玩意兒！這是羅浮宮股份有限公司〉（Sacre Bleu! It's the Louvre Inc.），兩篇內容都是評論羅浮宮博物館現任館長昂利．羅赫（Henri Loyrette）自二〇〇一年上任後積極推動的一些作為，在法國文化圈中引發不小爭議，其中包括提供上流社會人士私下參觀服務並舉辦募款宴會、授權阿拉伯聯合大公國「阿布達比羅浮宮」（Louvre Abu Dhabi）興建計畫、邀請當代藝術家在羅浮宮舉辦展覽等。反對者普遍認為羅浮宮此舉「太超過」，但也不得不承認「身為全世界最大的博物館之一，羅浮宮亦無法避免全球化帶來的結果」。

全球化並不是博物館調整營運策略的唯一因素，關於此點，英國學者派翠克・鮑伊（Patrick J. Boylan）在〈歐洲博物館營運與管理上的新趨勢〉一文中，總結自上個世紀末到二十一世紀初，歐洲博物館所經歷的組織架構及稅賦財務制度等方面的轉變過程。他指出博物館經營管理的新趨勢包括：朝向財務自理、政府統治權力下放、內部管理的去中心化。

法國羅浮宮博物館就是個例子。一九九〇年代起一連串的立法，深遠的影響了博物館的地位和組織屬性，目標在於讓這些文化機構脫離中央政府的直接管轄，成為獨立的個體，即「公共機構」。在這個新的架構下，羅浮宮博物館仍接受不少來自公部門的財務資助，並且仍需遵守某些審計和監督條款規定，但「羅浮宮公共機構」（Etablissement publique du Louvre）擁有展館現址和建築物以及新商城（Carousel du Louvre）及全歐洲最賺錢的地下停車場所有權；在管理層面上，羅浮宮的館長和董事會被賦予更多的權力，使羅浮宮能在商業活動、私人贊助、營收項目等方面擁有更寬廣的揮灑空間，也因此能創造更大經濟效益並擴展勢力影響範圍。羅浮宮的年度購藏預算從二〇〇四年的四百五十萬美元增加到二〇〇七年的三千六百萬美元，而昂利．羅赫館長亦將募款部門從一九九〇年代末期的三人部門擴張至現行十九人的專職運作單位。此外，昂利．羅赫館長已著手設立一套美式的基金機制，運用授權阿布達比羅浮宮建設所獲得的資金，資助未來一連串計畫。

（二）博物館產業化和角色功能的轉變

近年來由於國際間博物館蓬勃發展，出現了「博物館產業化」、「產業博物館化」的趨勢，產業界紛紛利用博物館典藏、研究、展覽、教育、保存等功能，為產業打造形象。以德國福斯汽車公司為例，該公司耗資七億馬克建造了汽車園區，園內有一座汽車博物館，展出了全球各國廠牌足以影響人類生活的古董車，讓參訪者了解到人類文明與車輛的關係；同時也以多媒體設計及千變萬化的汽車模型，從汽車的設計、外裝、內飾、布料、皮套、噴漆到防衝撞測試、環保車、未來車等，以展覽手法傳達了該公司奉為圭臬的安全、品質、環保與社會責任四大議題，打造出該公司的企業形象；最後進入福斯汽車展售區，直銷營運。汽車博物館自開幕以來已吸引了上千萬的訪客，不但提升了福斯公司的品牌形象，也為博物館所在地渥爾夫斯堡創造了可觀的觀光收益。

目前台北故宮博物院的收入有以下幾種：第一種是門票收入，每年約一億多元。第二種是文化延伸產品，多達兩百種以上，這部分收入也將近一、二億。第三種是授權收益，包括品牌授權、圖像授權以及影音授權，如與ALESSI合作，授權並合作新品牌；影片、廣告、短劇拍攝者與故宮合作，取得影音授權，或是由故宮委託廠商承製，拍攝影音作品。此外，一個好的博物館，現代進步的博物館，還必須為參觀民眾提供好的休閒。常到故宮的人都知道故宮設有很精緻的餐飲，故宮晶華並推出國寶級的餐飲，有三希堂的茶樓，有閒居賦的快餐。

顯而易見的，當代博物館的角色功能已不再僅是傳統的展示、典藏、研究、教育、保存維護，還包括休閒、娛樂等等，晚近更是作為國家和城市經濟發展、國際行銷與觀光事業的引擎。

（三）博物館與文化創意產業

聯合國教科文組織對「文化產業」（Cultural Industries）的定義是：「結合創作、生產等方式，把本質上無形的文化內容商品化，這些內容獲得智慧財產權的保護，其形式可以是產品或服務」。文化來自於生活創意的累積，前人的知識、技術和創作，以各式各樣的形式或產品體現，亦刻劃出各個時代、國家、地區、民族的生活風貌，富有各種特殊面向和創意。

博物館產業化並不意味走向純商業化而悖離了博物館固有使命，相反的，博物館在面對娛樂產業的競爭和財務壓力下，反而更需強化原有的教育和展示等功能，建立屬於自己的品牌形象，以贏得民眾的忠誠度。

博物館在文化創意產業的架構下，不僅能提供附加的經濟價值，更重要的是，博物館提供的是一個繆思的場所和創意的活水源頭。而文化創意產業正是需要從創意構想中找到利基，才能創造與眾不同的體驗、服務或產品，以達成利潤和經濟效益。

三、故宮「文化創意產業育成中心」籌設計畫

國立故宮博物院擁有世界頂級的中華文化藝術典藏，高達六十五萬件的書畫、器物、圖書文獻等質量兼具的國際級藝術精品，在遷台後的數十年間獲得最完善的照護，乃屬於全世界的文化資產。這批豐富的典藏所具備的，不僅是有形的資產，更蘊藏了數千年人類文明的智慧；不僅讓故宮在全世界的博物館中占有一席之地，吸引世界各地的愛好者慕名遠道前來，更有著讓台灣在國際間打響品牌知名度的無限潛力。

故宮可從自身的博物館教育、典藏、研究、保存、展示、休閒娛樂等功能為出發點，藉由整合台北故宮及周邊的軟體、硬體資源，運用於產品研發或生活美學當中，以「故宮文化創意產業育成中心」作為振興台灣文化創意產業發展版圖的「新思路」，同時也成為台灣文化創意產業邁向國際舞台的一條「新絲路」。

育成中心的預期目標和發展願景包括：

（一）以「全球思考‧在地行動」為思考主體，將故宮文物所蘊含的數千年藝術文化知識、歷史、概念、創意、構想、故事、圖像、理論、設計等「內容產業」所必須具備的元素，轉化為「文化創意產業」的活水源頭，憑藉國際間中華文化熱潮的契機，開創出具體而富於文化特色和智慧財產專利特質的「創意產品」。

（二）善用故宮文物資源、文化魅力和國際知名度優勢，透過對創意知識的開發，創造出潛在商機、財富、就業與產值的機會，促進相關產業的轉型或升級，並致力於提高「台灣製造」（Made in Taiwan）商品的精緻度、附加價值和競爭力，以因應全球化的挑戰。

（三）促成公私部門的夥伴關係，啟動雙向接軌的策略結盟機制，鼓勵民間積極投入參與，共同承擔、開創、經營與利益回饋，激發產業創意思考的可能性。

（四）從「點↓線↓面」大幅改頭換面，創造「都市美學經濟新指標」的文化生活圈：結合博物館、學術界、藝文界、社區、政府及民間企業資源，凝聚合作互惠的共識，搭配台北市政府「故宮瑰寶大道」計畫及周邊交通、景觀、休閒旅遊等相關基礎建設，提升整體生活環境品質和台灣觀光業的發展，達到產業、生活、經濟、文化互贏的局面。

（五）建立創新和交流的平台，就人才培育、研究發展、資訊整合、財務資助、空間提供、產官學合作介面、經營管理、行銷推廣、智慧財產權保障等不同面向提出整合和輔助機制。

（六）以故宮文化資源為基礎，孕育國際級人才，包括創作者、設計者、技術者、管理者、行銷者與相關財務、法務與文化政策等，並依據價值鏈的形成過程，掌握創意設計、資金技術、行銷管理與美學教育等四項發展文化創意產業的關鍵因素，注入新的創意元素，並累積文化資本。

故宮文化創意產業育成中心將扮演國內文化創意設計人才催生的角色，邀請國際重量級創意設計大師來台授課，或引進國外文化創意推動成功的先進國家，如丹麥、英國、法國、日本等國家的設計師作品，在文創中心展出及開辦工作坊（work shop），拉近國外大師與國內設計師的距離。提供文化深度認識的學習，以激發國內設計師靈感，增強國內設計師文化創意實務操作實力。

此外，國內設計師所開發的佳作智慧財產權，將由育成中心扮演技轉授權媒合平台，推介給國內產業界運用，以提升產業品質與形象，協助傑出文化創意設計師個人品牌建立，培植年輕設計師創業，同時創造產、官、學三贏的局面。

預期透過設置故宮育成中心，結合民間豐沛的企業活力，提升國民的創造力，豐富國民的生活內涵，使國人深入了解文化創意產業鏈的關係，帶動觀光產業、經濟發展的價值，並建立媒合機制，打造故宮成為文化產業設計重鎮及世界級景點，形塑旗艦級的文化觀光園區。

四、結論

二〇〇五年十月，國立故宮博物院與義大利設計品牌ALESSI於台北簽訂合作意向書，開啟了台北與米蘭的設計對話。ALESSI使用故宮的元素，設計了各種生活用品，將品味藝術成功融入日常生活中。

此外，我最近接待了流行樂手周杰倫與作詞人方文山先生，方先生在創作裡加入了古典元素，例如「青花瓷」、「蘭亭序」等，可見流行音樂也可以藉由故宮藏品汲取靈感。

故宮本身收藏的文物是一流的，質量俱豐，就像一個文化母體。不管任何人，任何產業，只要深入認識，用心感受，實際體驗，就能從中汲取創意的活水源頭。

現代工具是推廣固有文化的利器，我們也應用網際網路協助拓展故宮的文創產業，在網路上作各種多元服務，包括網路訂購。希望喜歡故宮的朋友能多利用網路，上面有非常豐富的資料，除了深入報導的文章，還有製作精美的圖片，可以帶給年輕朋友很好的靈感啟發，更可以藉由網路即時得知故宮所舉辦的活動，參與一場又一場精采的文化饗宴。

二十一世紀的博物館必須多元化經營，故宮作為中華文物的典藏機構，除了繼續強化文物的保存、研究、展覽、數位化與推廣教育等基本任務，更應肩負起推動文化創意發展、落實知識經濟、培育文化人才、再造文化新生命與提升國家形象等新的使命。

周功鑫女士為中華民國國立故宮博物院院長，是深耕有成的博物館學學者，曾任教於政治大學、輔仁大學。

行銷觀光

文化，是偉大的軟實力

嚴長壽

陳雲林先生訪台之前，有一群媒體朋友特別找到我，希望利用陳雲林來到台灣的機會，在全球近千媒體的鏡頭下，重新把台灣的文化跟文明特色表現出來。那時候江丙坤先生非常熱烈的要我設計一個行程，雖然陳雲林先生後來沒有走那套行程，我卻很想跟大家分享一下我所安排的行程。

打造展現台灣特色的文化之旅

我的設計是，陳先生如果到故宮博物院，希望也能到旁邊的張大千紀念館看看，再造訪錢穆的故居。用餐時間則到故宮隔壁附設的晶華餐廳，邊觀賞漢唐樂府的演出，邊享受台灣精緻茶飲所表現的飲食文化，欣賞整個奉茶侍茶的飲茶過程，及音樂、舞蹈的表現。

如果他到陽明山，除了看陽明書屋、林語堂紀念館，也希望他到食養山房品嚐一頓午餐，欣賞王心心用閩南語吟唱南管——台灣目前最精緻的表演藝術。

他如果有機會去野柳，也到金山的話，可以到朱銘美術館，我能夠安排雲門二的舞者，在朱銘先生的太極雕像下，展現水月的舞蹈姿勢，讓全球媒體除了看到台灣雕塑藝術家的現代作品，也看到台灣如何把傳統中國的太極，變成這麼美麗的舞蹈，展現舞蹈與雕塑在動與靜之間的表現。接著順道去隔壁看看法鼓山，招待他一頓素齋，讓陳先生看到我們有數以百萬計的信眾，用安靜的心情面對自己的人生，面對生命的無常，希望他從宗教文化中，感受到宗教對社會的重要貢獻。

他到花蓮去的時候，除了遊覽太魯閣，也可以到慈濟去看看，除了藉機感謝在汶川地震中，慈濟眾多熱心志工的幫忙，也了解一下，台灣在宗教上作了哪些新的詮釋。慈濟也擁有超過百萬的信眾，他們用這樣的心情，面對台灣過去所有的動盪變化。

如果他到木柵去看團團圓圓入住的新家，也應該去旁邊的優人神鼓看看，有這樣一群藝術家，在山林中，用苦行僧的方法，用完全不同於大陸現今少林寺的方法，在心情完全沉澱以後，轉換成藝術表演。

我希望他到日月潭的時候，也能到信義鄉去看看，有數十位年輕的布農族小朋友，以傳統的八部合音，與國立台灣交響樂團合作，演出陳樹熙新創作的交響樂曲，將原住民的音樂以世界級的演唱水準表現出來。

當然，所有的安排都因為政治議題而落空了。原本我們有機會，不只讓陳雲林先生看到，也不只讓兩岸看到，而是讓全世界都看到：我們可以用另外一種更和平的方法，面對兩岸之間的緊張關係。在這段時間裡，台灣有許多人在各個角落，包括文化的角落，去安定自己，追尋自己的價值觀。因為除了經濟的成長，除了政治的發展，這個社會有一個非常重要的力量，就是以文化為基礎的軟實力。

科技企業家回歸永續關懷

台達電子董事長鄭崇華先生以科技企業家的創業精神，創造了偌大的產業王國，最終回到關懷人類永續（sustainable）的生存能力；科技界有許多人，例如台積電董事長張忠謀，還有林百里、施振榮等，都對文化藝術付出大量心血與關懷。照理說，企業家是以獲利為最終依歸的，但他們知道，生命中有另外一個力量需要詮釋。大家最終發現，一個快速成長的社會，是不安定的。

社會的成長需要四個不同的支柱，領先的通常是權力。早期的極權社會，不管台灣或大陸，都有同樣的經驗，誰有權力誰說話算數，所有力量都向權力靠攏，局部人可以享受大部分人無法分享的資源。接著進入經濟掛帥的時代。經濟成長後，新的勢力集團產生了，新的資本家出來了。於是，有錢人成為另一個分配資源的力量。當社會只由有權人和有錢人來分配資源，只有金字塔頂端的少數人享有大部分的資源與權力，將使社會不安定。船井信雄講了一句非常重要的名言：「如果資本社會最終的影響是，人類只懂得巧取豪奪，只懂得拉大貧富差距，就會為人類帶來滅亡的危機。」

文化工作者堅持無悔

怎樣讓人類社會在更平等的情況下，走向安定？我認為有兩個重要的力量，而且都跟文化有關。不管是宗教或是文化素養，都扮演重要的力量。尤其是文化，那是再有錢或再窮的人，都可以分享的資源。

四十幾年前，台灣經濟匱乏的年代，當時還在台大讀書的白先勇和陳若曦騎著腳踏車在街頭相遇，兩人想辦一份文學雜誌，而白先勇的父親正好給他一筆錢，白先勇就把這筆錢拿來辦雜誌。幾個月前，我們慶祝白先勇先生的七十歲生日，這位已是滿頭華髮的老先生，神情一如少年，興奮的敍述四十幾年前在台大校園辦雜誌後，興奮的看著一篇篇文章，感到新的文學家從當中誕生出來。其中有一篇文章是一個叫施叔青的高中學生寫的，白先勇說他看到那篇文章後，晚上睡不著覺，很興奮的想，台灣的文學有希望了。白先勇從寫小說，寫戲劇，到寫崑曲。他發現崑曲的美麗，把中國大陸的崑曲重新包裝，積極推展，演出的不是他自己的作品，但他比自己的作品更珍惜，就像他年輕時珍惜施淑青、珍惜陳若曦一樣，積極關懷、思考怎樣以更新更現代的語言展現大陸的崑曲。劇團到台灣演出場場爆滿，回到大陸演出，也讓大陸重新看見，崑曲原來是這麼重要的世界文化資產。他的興奮，跟財力無關。

二〇〇八年，許博允先生創辦的新象藝文中心慶祝三十週年。許博允先生是富家子弟，三十年前，他散盡家財創辦新象，因為他喜歡音樂，熱愛音樂。在政府還沒動作的時候，他不惜代價把國外最好的藝術家引進台灣，希望與台灣的朋友分享。當台灣還是個文化沙漠時，他帶進來這樣的泉湧與思考。今天的許博允在經濟上還是貧乏，但他依舊興奮而充滿熱忱，在藝術中對文化貢獻無怨無悔。

同樣在三十幾年前，一個叫林懷民的年輕人，本來也是很安逸、衣食無缺的人。他去紐約學舞蹈，最後想把心力貢獻給台灣，回國途中繞道歐洲，經過希臘機場時，走進廁所，他突然抱頭痛哭，心想：我的好日子即將過完了。他很清楚自己即將面臨嚴苛的挑戰。不錯，雲門三十幾年來華路藍縷，二〇〇八年還遇上一場火災，一把火燒去幾十年來積累的心血，所有服裝、道具、資料、一切全都燒毀了，但燒不毀的是他的熱忱。林懷民還是屹立不搖的創作新作品，雲門還是繼續在全世界、在華人社會裡為台灣發聲，讓世人見證用舞蹈可以作出這麼精準、優雅、美麗的詮釋。

還有一群戲劇家、編曲家，例如屏風表演班的李國修，果陀劇場的梁志明，他們在二十年前，每一年都面臨倒閉危機。梁志明二〇〇七年兩部大戲，舞台布景做好了，場地也訂好了，卻來了颱風，所有投資全部報銷；二〇〇八年又遇車禍，整個人昏迷。醒來以後，他又有了新的創作。

每個角落都看得到這些文化人、這些藝術家，他們不是為了自己，而是為了崇高的使命，他們堅信，在這個社會，只有利用文化的軟實力，才可以讓社會重新找到自己的驕傲，找到自己的價值觀。

政治的香水影響社會每一角落

我們必須認識，任何社會都會遇到許多威脅，這些威脅不斷發生在我們面前，我們只能面對它、正視它。由德國小說家徐四金小說《香水》改拍成的同名電影，劇情描述法國早期有一位嗅覺極敏銳的香水製造者，他聞到味道就能調製出來。有一天，他突然聞到一股特殊的香味，原來是一位純潔的少女。他意外殺了這位少女，並想盡辦法把少女的體香保存在油膏裡製造香水。但一個不夠，他持續暗殺了好幾個少女，引起整個社會的緊張。最終抓到他，判他絞刑。當他走上刑台，即將在成千上萬的人面前被處決時，突然把灑了香水的巾帕拋向群眾，原本群情激憤，痛恨他殺害自己鄰人、女兒的群眾頓時迷惑跪下，把凶手當成上帝，而且忽然荒誕到把衣服都脫掉就開始互相做愛，最後殺人凶手就這麼堂而皇之的走出去了。

這部小說中的「香水」其實影射納粹時期的希特勒。希特勒能夠獨裁，不是靠他一個人的力量，而是他製造的香水把群眾全都迷惑住了。電影中，當這群人第二天醒來，便找到另一個嫌犯，把他當成凶手吊死，將罪責全推在這一個人身上，把他吊死後，眾人就除罪了。這部小說要告訴我們的是，不要以為納粹是一個人造成的，有那麼多人支持，才使它產生。所有的罪惡，是在眾人的幫助下才完成的。

政治的香水是多麼可怕！它隨時影響社會的每一個角落：它曾經在文化大革命的時候灑出，曾經在紅衛兵時代灑出，曾經在二二八的時候灑出，也在許許多多社會的角落裡持續不斷散發香味。九一一攻擊事件之後，美國發動戰爭，不是布希一個人發動的；要不是全部美國人都認為應該去打那樣一場仗，也不會變成那樣的結果。如果在七年前，能有人告訴布希總統，如果發動戰爭，把自己的子弟送上戰場，所犧牲的生命，是九一一喪生人數的一倍以上，此戰爭雙方將犧牲掉十幾萬人，而且死傷人數尚不斷增加，美國的經濟將衰退到幾乎無法面對的地步，也許這些憾事就不致發生。這個時候，我們不得不佩服，一個文學家，用他微弱的力量，希望用一本小說來告訴社會，這樣荒誕的事情確實時時刻刻發生在人類社會的每一個角落。

用文化力量破除政治香水的迷咒

所以，親愛的朋友，唯一的辦法，就是我們每個人，不管是企業家、政治人物或任何平民百姓，必須體認到，文化才是我們最重要、最偉大的軟實力，必須讓文化滲透而潛移默化整個社會。如果台灣的教育讓學生沒有空間去學習文化、感受文化；如果教育沒有辦法鬆綁，年輕人還在擔心沒有辦法進大學，或只想進好的大學，卻不擔心自己沒有文化素養，這就是社會的危機。朱敬一先生說，「學」，先從「學做人」開始。文化就是學做人最基本的開始。當社會荒亂貧窮時，文化是最重要的安定工具。我們應該讓每個年輕人知道，在學習的過程中，一定要懂得欣賞音樂、文化、文學，那可能成為伴隨你一輩子的生命伴侶。你可能貴為總統，但依舊文化平庸；但你也可以卑為一個計程車司機、一個平凡的建築工人，卻能在下班時欣賞繪畫音樂，可以拿出一張紙來畫出心情與感受，豐富自己。

除了教育，不管觀光、外交或者是貿易，文化都扮演非常重要的角色，如果企業本身沒有文化素養，也不可能永續經營。

建立一個新價值觀，必須奠基於以文化為基礎的建設。我個人認為，設不設文化部不重要，文化能不能滲透到每一位決策者心中，能不能滲透到每一位教育者心中，能不能滲透到每一位企業者心中，能不能滲透到每一位民意代表心中，能不能滲透到每一位國民的身上，才是真實的價值。

前一段時間，我碰到一群建築界的朋友，他們看到大陸北京奧運的成就，有很多感嘆，覺得台灣應該發展建築。但是在一個社會成長之際，如果讓建築與開發走在教育的前面，其實很危險。如果打著開發的旗幟，社會的美學教育、文化教育卻無法跟進，反而成為相互較量的賽跑，走得太快的一方，將造成對另一方的破壞。

當文明美學與實體建設齊步前進，才是真正的開發與進步。一個偉大的建築，只要都市的領袖有足夠的財力與願景，可以在最短的時間請世界一流的建築師與建築團隊，在全世界任何城市，不論是杜拜、紐約、北京、上海、，或是台灣，如期完成。但是文化的建設，卻必須經過教育的淬煉、文化的積累。

文化沒有近路，文化沒有速成，文化只在每一個愛護自己土地的人，一土一石、一磚一瓦的堆砌下，方可成就。

嚴長壽先生為亞都麗緻飯店總裁。強調人性化管理與顧客服務。近年來積極整合台灣各項觀光資源，提升台灣的國際觀光形象。

建築創作

建築軟實力

要衝力又要耐力

劉育東

台灣有一個很矛盾的現象，照理說，人人都住在建築內，也天天看建築，因此，建築應屬於「大眾」，建築消息應能在大眾媒體出現，建築書籍應能有大眾級的銷售，建築雜誌應在大眾便利的超商上架。事實正好相反，由於長期忽略建築與環境教育，大眾認為建築只是房屋工程，不是設計作品，更非藝術創作。因此，建築淪為「小眾」，除了建商的置入性行銷，建築消息進不了大眾媒體，建築書銷售量平均不到一千冊，超商充斥著裝潢雜誌但絕無建築雜誌。

這個現象，直接碰觸了國內建築界三十年來相互指責的許多核心問題，

「業主美學素養很差」、「政府把建築當工程而已」、「建築師設計水準低落」、「人民美學品味不足」、「台灣城市很醜」。建築若能由小眾走向大眾，讓更多人了解建築豐富而多元的內涵，就能提升全民的建築素養與城市美學，這是一個關乎建築品味、城市美學、社會文化、藝術創造的艱難工作，卻也是必須做的事。

台灣的建築軟實力在於國際化

我上大學的時候，一位老師十分鼓勵我們出國深造，因為「在台灣，學生沒有名作可看」，沒有機會直接向大師學習，沒有機會體驗好的建築空間（那時只有極少數富有人家才能出國旅行）。只靠大師作品集，無法啟發我們的空間想像力。因此，台灣的建築要進步，「國際視野」是關鍵要素，尤其是直接請國際大師來台灣設計傑作，讓大家「臨摹」。

在二〇〇〇年以前，台灣與世界接軌的程度已有不錯的成績，可惜在建築上仍屬於世界的邊陲地帶。一方面，台灣公共建築或民間建築的公開競圖，幾乎都沒有讓國際建築師參加的機制；另一方面，台灣建築師也很難有機會在國際競圖與國際雜誌上出線。因此，台灣自一九七〇年經濟起飛以來，雖有「大量建築物」的興建，但絕大部分與當時的國際建築思潮嚴重脫節，沒什麼機會在台灣的土地上，親眼見到國際知名建築師現身說法，更沒有機會在台灣的土地上，體驗國際知名作品。

從東海路思義教堂到台北一〇一

在缺乏國際視野的困苦道路中，台灣有兩大傑出建築，一件是東海大學路思義教堂，另一件是台北一〇一大樓。這兩件國際知名的作品，剛好象徵了建築的兩種實力。

東海教堂是大家十分喜愛的作品，由美國捐贈者邀請華裔建築大師貝聿銘（羅浮宮金字塔的建築師）設計，與台灣建築營造者通力合作。貝先生獲得素有建築諾貝爾獎之稱的「普立茲克建築獎」，當時並不以建造一座宏偉大教堂為概念，而是著重在種滿大樹的永續校園內的心靈藝術，必須以台灣當時克難的施工技術，建造十分複雜但看似簡單的優美形體。它的困難度在於對環境、對創意、對藝術的種種堅持。雖不大，卻迷倒大眾。長期以來，在台灣近乎零的國際建築知名度中，是唯一也當之無愧的軟實力代表。

台北一〇一大樓則更得到大家的注目，由業主邀請李祖原建築師設計，與頂尖的國際工程技術團隊合作，不僅有「世界最高」的光環，也以台北地標甚至台灣地標的身分，頻頻出現在國內外媒體中。不僅大人小孩愛到台北一〇一，就連國外知名建築師來台北，也想體會世界之最。雖然許多建築專業有不同看法（例如它切斷了城市群山環繞的天際線等等），但這棟超高層大樓的困難度，在於對結構工程、營建技術的種種堅持。台北一〇一因此獲得大眾青睞，也名副其實成為建築硬實力的代表。

台灣建築國際化的脈絡

台灣是個小地方，追求世界之最，偶一為之即可，更應看重的是文化創意。東海大學的路思義教堂堪稱典範，未來應追求國際知名建築師與台灣團隊的合作，借力使力，完成更多啟發台灣建築創意的好作品。

東海教堂在一九六三年完工，孤獨了四十年後的今日，台灣已展開另一波「建築追求國際運動」。

二〇〇三年交大邀請普立茲克建築獎得主安藤忠雄設計「交大美術館暨建築館」；二〇〇四年嘉義「故宮南院」由美國建築大師普里達克（Antoine Predock）獲首獎；二〇〇五年「高雄市運會主場館」國際競圖，日本建築大師伊東豐雄獲首獎，今年即可啟用；二〇〇五年「台中大都會歌劇院」再由伊東豐雄取得首獎，設計和施工都突破二十世紀的難度；二〇〇六年台大邀請伊東豐雄設計「台大社會科學院新館」；二〇〇七年「高雄衛武營藝文中心」國際競圖，由荷蘭新秀侯班（Francine Houben）贏得首獎；二〇〇七年亞洲大學邀請安藤忠雄設計「亞洲大學藝術館」，二〇一〇年五月即將完工；二〇〇七年民間團體邀請安藤忠雄設計「漂浮墓園」；二〇〇八年普立茲克建築獎得主札哈哈蒂（Zahad Hadid）受民間邀請設計「共生住宅」與「下代基因建築藝術館」；二〇〇九年「台北藝術中心」國際競圖，由設計北京中央電視台的建築師庫哈斯（Rem Koolhaas）所領軍的OMA團隊，以「魔術方塊」的設計概念，獲得首獎。另外，二〇〇七年民間團體也邀請日本隈岩吾、荷蘭MVRDV、大陸張永和、國內姚仁喜等，國際與國內各十組建築師同台進行「下代基因建築集體創作」。

建築軟實力的全球課題

對大部分的國家或地區而言，國際化非常重要。在科技快速發展與知識大量傳播的今天，國際化就代表了「學習與合作」、「在地與全球」、「交流與對話」等社會文化課題。

從上述二〇〇三年至今的建築脈絡看來，可觀察出四個「建築軟實力」的全球課題：

一、文化創意

藝術的建築與城市在西方早已深入人心，在東方則是個新的課題。如何在都市空間注入文化藝術的創意，已經成為新世紀決策者的重要任務。其中，發自心靈並與環境共生的眾多設計理念，是即將起步的下一代創意。

二、永續環境

二十世紀人類為求生存而發展工業，忽略了環境，甚至破壞了環境。建築物經常在大量製造與人定勝天的盲點下，破壞了我們賴以維生的自然環境。未來我們需要重新省思二十世紀建築大師萊特所說「能從土地長出來的建築」。

三、建築對話

建築是社會性的對話，包含了建築師與業主、建築師與使用者、建築師與營建者、建築師與政府、建築師與大眾的對話，而且，又有建築與土地的環境對話、國際與在地的文化對話等等。

四、大眾品味

建築國際化讓很多人深受鼓舞，建築專業者、教授、學生（尤其是學生）能好好親身體會建築的國際視野，台灣的建築美學、城市美學、經濟美學都將大幅提升。

要衝力又要耐力

這幾年的台灣建築，衝力十足，但若執行力不夠，建築圖面也經常僅是「紙上建築」。前述的國際作品，能不能在各方的期盼與堅持下完成，真正讓台灣大眾都歷經一場兼具文化創意、永續環境、多方對話、高品味的建築之旅，是我們要努力的方向。但千萬別忘了，東海教堂從一九五六設計到一九六三完工，花了七年。二十世紀十大建築的雪梨歌劇院，更費盡千辛萬苦，耗費十七年才完工。

希望我們有衝力，又有耐力，完成這些能讓台灣建築脫胎換骨、讓大家都能深刻體會的國際名作。

劉育東先生為哈佛大學建築設計博士，亞洲大學副校長、講座教授，交通大學建築研究所創所教授，曾多次在國際獲獎與參展。二〇〇七年在北美館舉行研究室個展「明日建築展」，獲選「台灣十大公辦好展覽」，二〇〇七年主持台灣首次國際集體創作「下代基因」，參展第十一屆威尼斯建築雙年展。二〇〇八年應大師Peter Cook與伊東豊雄邀請，參展台灣首度受邀之「歐亞建築新潮流二〇〇八－二〇一〇巡迴展」。

整合行銷

解密奧美人

讓世界不同的軟性特質

白崇亮

多年以來，常有年輕朋友告訴我，他們最大的夢想就是進入奧美。不時，我也試著問他們：「你認為自己具備了什麼特質，使得奧美不用你就太可惜了？」

奧美有今日的成就，是一代又一代的奧美人，秉持信念，一步一腳印，持續累積出來的。從全球奧美到台灣奧美，我們的確有自己獨特的創意文化。

奧美人的軟性特質

奧美人常自許為一群讓世界不同的人。還大言不慚的說：我們的身體流動著特別的血液，我們的心臟跳動著特別的節奏。那麼，奧美這個企業對奧美人有些什麼期待呢？

我們期待奧美人好奇、靈敏、熱情、勇敢、負責、合作。

好奇

我們要那些求知若渴的人，對被告知的事，永遠抱持著不夠滿意的態度。他們總是自己找到新的觀點，並且活學活用而樂此不疲。他們不會獲得第一個答案便就此打住，而是更進一步探究。他們總將膚淺的知識轉化為深刻的洞察。

靈敏

我們需要行事敏捷、而不總是循規蹈矩的人。他們會自闢捷徑，不墨守成規，但對該有的原則絕不妥協。他們靈活自在的跨越界限，卻仍懂得尊重人與人之間的基本價值。

熱情

我們要那些遇上偉大任務就會興奮不已的人。他們的熱情不但深具感染力，並且有能力移植這種感染力給他人。我們要的是非常樂觀主義者，他勇於嘗試，相信一切都有可能。

勇敢

我們想要的人必須行動迅速，判斷明快，勇於冒險。他們知道關鍵時刻必須堅守立場，他們在困難來臨時還能協助他人分擔重任。我們需要那些處變不驚、不易膽怯、對未知充滿興致、勇於任事的人。

負責

我們需要信守諾言的人。他們做事貫徹始終，不推諉責任、不隱瞞事實、承擔責任、為達成任務深感驕傲。他們知道自己的工作攸關他人，他們忠於自己工作所代表的價值。

合作

我們要的人懂得團隊合作的價值。他們在提倡自己信念的同時，也善於傾聽與學習。他們不但扮演好自己在團隊的角色，同時也全力照顧團隊中其他夥伴，最後還不會藉此而極力邀功。

奧美人的進階實力

以上這些軟性特質，構成了奧美創意文化的主幹。我們不但挑選具備這些潛力的人，當他們進入奧美以後，我們還要繼續問道——

你好奇嗎？

- 設想一下，你認為未來的行銷傳播將如何演變？
- 你在其他行業或活動上的經歷，將為你在工作上帶來何種新的視野？
- 你最近吸收了什麼新知識，讓你對什麼問題重新思考？

你靈敏嗎？

- 當你必須在「準時交件」和「做對事情」兩者擇一時，你的選擇為何？理由是什麼？
- 你最近一次為不同專業領域或部門同事伸出援手是何時？
- 當任務必須改變方向或不得不從原定計畫抽出時，你如何處理？

你熱情嗎？

- 你最近一次對工作感到雀躍激動是什麼時候？
- 在目前的公司裡，什麼是你最痛恨，而希望加以改變的處事之道？

- 什麼讓你快樂？什麼使你難過？什麼使你迫不及待展開今天的工作？

你勇敢嗎？

- 舉個例子，你最近做過什麼讓眾人不悅但你卻心知正確無訛的事？
- 你作過最艱難而終至成功的銷售或說服經驗是什麼？
- 你是否曾經承認自己犯錯？你當時如何處理自己和對方？

你負責嗎？

- 你希望他人心中如何評斷你？
- 在目前的工作中，你認為有何缺失？你希望如何改進？
- 你是否曾經在沒被要求的情況下，主動去擔負責任？

你合作嗎？

- 你從團隊合作中得到哪些無法從獨自工作得到的學習？

- 可否描述任何你和工作夥伴一起完成的傲人事蹟？
- 你如何和上司、同事、部屬全方位工作？

我在奧美工作總是發現：當周圍真能擁有一群好奇、靈敏、熱情、勇敢、負責、合作的夥伴，這一群人就極有機會一個接一個成為勇於真實待人，大膽釋放才華，滿懷創意心靈的一流行銷傳播人。這樣的奧美人，工作再辛苦，也會有一種「幸福感」。

這就是奧美創意的解密，奧美軟實力的所在。

白崇亮先生為奧美集團董事長，擁有超過二十年的專業傳播顧問經驗，並長期致力於教育工作，培育眾多台灣優秀管理及傳播人才。

藝術塑形

釋放我們的開創能力

從八方新氣談企業的軟實力

王俠軍

大家都不約而同，在不同行業發現，台灣在文化、生活、產業等各方面，充分運用所謂體驗經濟特質的商業運作，無論是創意設想、呈現手法、美感鋪陳，概念表達，讓人在享受互動、欣賞徜徉中，能醞釀、激盪感受生命的自在和生活的愉悅；或是具體的質感、或是幽遠的意境，這種營造的思惟和能力，正是文化創意產業所需要的軟實力。

近幾年大夥兒對文化創意產業的概念逐漸有了共識，在製造成本的生態條件上，認同台灣產業必須著力於增加產品及服務的附加價值，才有生存的競爭空間。這個著力點就是文化的詮釋和創意的突破。

嚴格來說，我們整體的傳統工藝產業已經停擺了一陣子。在文創產業的概念下，這是值得好好耕耘的區塊。主要此區塊長期以來，不僅沒有建立以中華文化為根柢而又具時代高度的產品，更沒有強而有力「產業」規格的品牌成形，有必要從現在開始，逐步在自己文化價值下建立品牌，以補足這市場上長期以來的空缺，若想由此切入，就得深入理解現實情況，並應用、發揮我們已具備的軟實力。

台灣文創產業的困境

如今我們為時已晚的起步，面對的是憂喜參半的局面：憂的是門檻過高，無論什麼材質的產品，來自歐、美、日等傳統產業的百年老字號，從四面八方阻擋了我們發展的去路，想殺出重圍，走出一條自己的康莊大道，困難重重。這就是眼前市場的現實。

首先是知名度的現實，這是定位、品牌、故事、文化、形象、承諾、信譽長期所累積的高度，高不可攀，而我們還沒開始。其次是產品，多年來歐、美、日等傳統產業深思熟慮，發展出完整的產品線，對我們這些新進者而言，就是一段可怕的差距。它們經過市場長期的考驗，每次推出新產品都能切合市場的需求，這些產品也都各擁風格，在工藝、品質上獲得高度的認同，我們卻得從零開始。

但是我們最大的挑戰，還是這些競爭品牌鋪天蓋地占據第一線通路的現實，這不僅代表它們資源充足，更代表市場定位的架構清楚。通路的特性，正是價格或價值競爭的面相表徵，亦即不是紅海裡的搏殺，就是藍海裡的悠遊。

面對這些經年累月所建構的堅實基礎，該如何拉近百年的落差？的確讓現在才想出發的台灣文化創意產業憂心忡忡，裹足不前。

台灣文創產業的優勢

喜的是老字號所積累的包袱，諸如成本高昂、風格保守、組織龐大、戰場分散、運作僵化等問題都十分沉重，讓我們稍微有機可乘。

由於地理環境、歷史背景，這四、五十年來，台灣在社會變遷的適應、代工經驗的磨練、繁榮生活的體驗、教育深化的普及、文化反思的論戰、民主改革的發展等時空多元的影響，讓我們養成了應變能力和堅忍耐力，培養出成本控制和服務概念、品味見識和商業操作、創意思維和人文素養、分析辯證和文化價值、勇於突破和探索膽識等有助於開創發展的軟實力。

多年來的潛移默化，修練出可量化或不可量化的智能基因，正是台灣文化創意產業打造新時空經濟、文化奇蹟的絕佳工具。

以產品區隔跨越競爭門檻

以新人的姿態加入既有成熟市場的競爭，必得作出產品區隔，建立完整的商業概念和市場定位，凸顯特色和絕無僅有的獨特性，避免活在老品牌華美的陰影下，將僅有的少量光環照耀在自己產品的魅力上。

首先產品必須差異化，從意象和形式上營造不同的風采。形式的差異，可由圖飾、質感、造型來落實。圖飾和質感可藉美術設計的功力來完成。至於造型，這是最重要的差異，常須投入研發工藝，才能全面掌握。這是一個蘿蔔一個坑的改造工程，代價昂貴。

至於文化上的差異就容易些，與國外相較，我們有極深且厚的不同傳承，提供了源源不絕的養分，藉創意概念，或可掌握與現代市場有所共鳴的意境。

文化創意產業本來就不是容易的課題，如前所述，跨越競爭門檻所必備的心態和思想，均要求高標準的準備和行動。若能結合這幾十年來所鍛鍊出的敏銳又具質感的軟實力，有可能揚帆於我們所期盼的藍海。

當初做玻璃，即以這個心理入手，捨棄大量採用工序單純、良率高的其他歐美所熟悉如吹製、切割雕花的玻璃工藝，反而採取工序冗長、失敗率高的脫蠟鑄造，無非就是希望產品的風貌有所不同，在意象和造型上展現玻璃所少有的東方優雅細膩和端莊沉穩。

八方新氣航向文創藍海

最近投身的瓷器「八方新氣」，可能更容易說明軟實力面對高門檻競爭現實環境下，應準備的態度和應變的思維。

如前述，首先是差異化的問題，亦即如何在這古老而成熟的瓷器行業裡，打造自己的唯一性。

八方新氣深入市場分析和探討後，發現好瓷器的評斷標準，千百年來竟然只有一個：古典、華麗、高雅和細緻。

這的確是普世雋永的價值，但似乎又缺少了應有的時代感。不但造型缺乏變化、也不重視功能趣味，更缺乏美感經濟所強調的能活絡五感和體驗情趣的感人元素。更值得檢討和改造的，是這些瓷器都缺乏和現代空間完美搭配的時尚語彙，這確實是目前市場的空缺，有待補強。

怎麼如此輕易就有這重大的發現？難道這些分布世界各地，負責產品設計開發的人員，都沒有警覺？生活、時代對他們都沒有意義嗎？

當然不是！

無論是木質、鐵質、玻璃質等各種材質，產品的形式發展都是與時俱進，結合時代的美學、經驗、習慣、風潮、環境……不斷發展新的式樣，滿足市場的變化和需求，並促進時尚的流行。

唯獨瓷器，千百年來，依然只能依靠其他工藝，如彩繪，來妝點自身的華麗和自信的風采。褪下繽紛多彩的外衣，骨子裡只是單調的胴體，的確需要加些改變來彌補這種落後、過時的不尋常現象。

我於是畫了些圖稿，試圖將現代的語彙和人文的寓意，挹注在產品設計上，也希望從骨子裡改變瓷器的樣貌，在把握「文化」上端莊和典雅的精神外，藉「創意」打造具有時尚感的生活物件。

結果所有的代工廠都說這是外行的設計，就一般瓷器的製程，根本沒辦法完成！因為瓷器初為溼的泥坯，陰乾後，經過近攝氏一千三百度的鍛燒，將收縮百分之十五。

難怪瓷器永遠是圓圈形狀，停留在製作安全、成功率高的形制裡。此外，瓷化過程中的瓷是動的、軟的，所以絕對看不到平面、懸空等現代簡潔的造型，因為這些全都會扭曲變形。

千年不變的瓷器形式其實有其難以克服的隱情！

終於懂了，與其他材質不同之處，在於瓷器原是由結構鬆軟的泥土開始，經過高溫淬鍊，瓷化為堅實強硬的材質，這是驚天動地的改變。其他材質無論如何變身，是古典，是現代，是復古，是簡約，都是材質原來的本性。即便經過不同的加工手法，也只是暫時改變物理形式和特質，最終呈現應用、常態的，依然是原來的材質。所以其他材質可以輕易隨著時代風尚潮流，說變就變。

我於是明白，瓷器的創新不是沒有人想過，只是不願做。這條我們想切入的可行之路，其實是一條坎坷難堪的路。

與其最好，不如唯一

的確，我們沒有便宜的「形勢」了，好事全都被別人搶先一步，他們並藉此建立深厚的品牌基礎。

但是，瓷器這千年不變的因果現象，不正是我們擠進這扇大窄門的小小機會嗎？「與[illegible]好，不如唯一」，這是與百年老店平起平坐的不二法門。沒有品牌優勢就拿產品[illegible]的籌碼來談判。

可想而知，解放瓷[illegible]型束縛的立意，在工藝上是多麼嚴峻的挑戰。八方新氣辛苦完成的，當然不[illegible]僅止於身型的特殊。除了依然要呈現文化意象上的大方格局，當然更必須注入[illegible]現代人生活起居息息相關的感動意識，才能在形式和內容裡應外合的呼應下[illegible]合出文質彬彬的新風采。

有了突破和掌握工藝的曙[illegible]後，八方新氣就得從設計概念、產品定位，建構品牌的核心價值，並以此承諾[illegible]實在每個小細節的實踐，期許世人在觀賞、使用的互動上，打造自我多樣活[illegible]的生活可能，懷抱熱情，勇於探索生命的無常本質，而積極打造出自我端莊的行家品味。

期許台灣綻放新創意

以上的敍述，其實都是台灣軟實力一連串的展演。它們已經在不同場域開啟許多點狀的綻放，從「勇於應變」突破現狀的基因蠢動，經過敏銳探索，而後選擇標的項目，大作文章，同時也作SWOT（Strengths優勢、Weaknesses劣勢、Opportunities機會、Threats威脅）的現況「分析」。

這一路帶著「創意」的處理手法和「品味」的著眼思緒，又都在「堅毅耐力」的決心下整合推動。相對於其他長期過度安逸或剛發展萌芽的地區，台灣恰處在成熟的階段。

期許深植我們體內這股勇於挑戰和長於應變的軟實力，在這低迷的艱辛時期，得以再度發揮另類開創的能耐，從點到線，從線到面。

王俠軍先生從事琉璃藝術創作多年，為琉園創辦人。二〇〇三年成立「八方新氣」文化事業。從電影、家具設計、玻璃藝術到瓷器，都展現豐沛的創作能量。

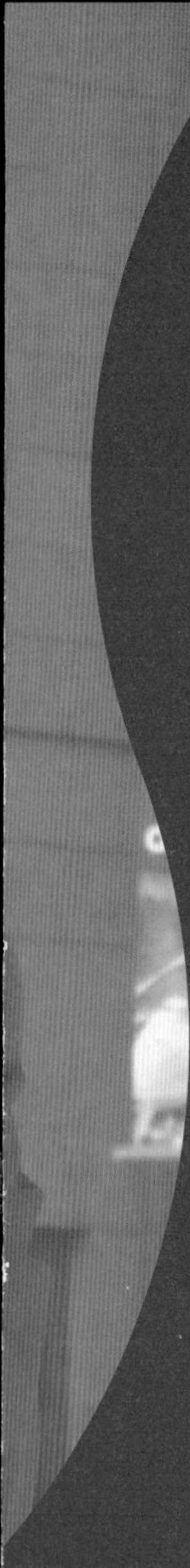

三部曲

一 與楷模經營接軌

香港恒隆地產董事長　陳啟宗
（陳宗怡　攝）

三地合作

台、港、大陸間，人才、資金、貿易的合作

陳啟宗

哈佛大學奈伊教授於一九九〇年代提出「軟實力」（soft power）一語，首揭其詞，概念新穎。但是奈伊教授所揭櫫的現象，其實一直存在於人類社會生活中。一提到「軟實力」，大家都想到西方社會，尤其認為美國在軟實力方面特別強。其實看看人類歷史，最早運用軟實力，可能是最大量、也最成功使用軟實力的國家，不是美國，而是中國。中國幾千年來就是用軟實力來維持大國的地位，而且中國歷史上的戰亂比歐洲少，原因何在？現在西方社會用的主要是硬實力，而中國幾千年來以軟實力為主。今天，中華文化重新在國際上崛起，相信最重要的還是我們中國人的軟實力。

兩岸三地的供需與合作

就台、港、大陸間，人才、資金、貿易的合作而言，「合作」有兩個層次：宏觀和微觀。宏觀是三地合作，彼此互助；微觀就好比在一家公司裡，不管你是哪裡人，只要有才幹就用。「合作」是講現實的，作生意講求互信、互補、共贏、各取所需。在經濟領域講合作，衡量的標準在於各取所需。對方需要你嗎？不需要你，那就免談了。就算對方需要你，需要多少？程度多大？還有沒有別的選擇？以下分析台、港、大陸間的供需關係，供大家思考。

大陸需要香港和台灣嗎？我認為大陸需要香港：第一，香港的金融業，大陸很需要；第二，香港還是一個備用的對外渠道，要是大陸發生什麼事情，香港還是一個可用之地。所以大陸需要香港。那麼大陸需要台灣嗎？政治上當然需要，但是經濟上，確實看不出大陸有什麼需要台灣的。香港需要大陸和台灣嗎？香港非常需要大陸，沒有大陸，香港活不下去；當然香港以往也有很多優點，但優點在慢慢消逝，所以香港越來越需要大陸。香港需要台灣嗎？對不起！香港不太需要台灣。台灣可以帶給香港什麼呢？台灣沒有什麼可以帶給香港的。那麼台灣需要香港和大陸嗎？台灣不需要香港，但是台灣在經濟領域來說，可能很需要大陸。

我們來玩個遊戲，規則是：如果別人需要你，得一分；你需要別人的話，扣一分。先來看香港：大陸需要香港，香港得一分；台灣不需要香港，零分；總結是香港得一分。香港需要大陸，扣一分；香港不需要台灣，零分；所以，得一分扣一分，香港是零分。那麼大陸呢？香港需要大陸，大陸得一分；台灣也需要大陸，又得一分，計兩分；大陸需要香港，扣一分，大陸不需要台灣，零分；得兩分扣一分，大陸共得一分。再來看台灣：大陸不需要台灣，零分；香港也不需要台灣，零分；台灣需要大陸，扣一分；台灣不需要香港，零分；台灣總分是負一分。

中港台供需計分表

供需對象	香港 供應（得分）	香港 需求（負分）	大陸 供應（得分）	大陸 需求（負分）	台灣 供應（得分）	台灣 需求（負分）
香港			1	-1	0	0
大陸	1	-1			0	-1
台灣	0	0	1	0		
積分	1	-1	2	-1	0	-1
總分	0		1		-1	

當然，此一分不同彼一分，大家需要的程度不一樣，但是至少指出了三者供需的方向。此外，零分和負一分也不一定表示輸了，如果能夠賺到對方的錢，就可以反敗為勝。不管有沒有在供需遊戲中拿到分數，只要擁有強項，前途仍然看好。一個有實力的強者可以轉危為安，也可以反敗為勝，這可能是台

灣未來的發展。另一方面，原本條件非常優越的，卻可能把這些條件浪費，而喪失最好的機遇，這個恐怕是香港所走上的歧途。

香港的優勢逐漸消失

中共改革開放三十年來，香港不斷失去競爭能力，一九七〇年代製造業內移，一九八〇年代低附加價值的服務業內移，一九九〇年代高附加價值的服務業也遷往內地了，香港慢慢失去了競爭力，逐漸被邊緣化。然而，台灣的領袖承認台灣有被邊緣化的危機；但香港在許仕仁先生（當時的政務司司長）提出這個問題時，反而引起了一場軒然大波。

在金融領域裡，許多項目不一定倚賴香港，譬如「私投基金（private equity）」，在台灣和大陸均稱為「私募基金」，但「募」是募集，是資金的來源，private並非指資金的來源，而是指應用，將資金投資在非上市公司、私人公司，所以叫「私投基金」。

總而言之，在私投基金方面，現在投資的對象都在內地，所以搞投資和私投基金的人都要往內地跑，唯一不往內地跑的就是金融貿易（financial trading），因此，香港可能被邊緣化。

香港非常缺乏能在國際上競爭的公司。匯豐很有競爭力，但匯豐是英國人管的，總部已搬到英國去了。和黃很有競爭力，但局限在單一領域裡。貨櫃碼頭在世界上具有影響力，但其他公司，多半是製造業，雖是不錯的公司，但在國際上都不具什麼影響力。

香港的大筆資金，不幸都在房地產商的手上。香港現在只做兩件事，一是吃老本，二是伸手向老爸——北京要東西。富爸爸容易造就只知吃老本、伸手要東西的「二世祖」，這是目前對香港十分貼切的形容。

香港當然也有很多優勢，而且這些優勢大多是大陸非常需要的。例如香港的法制、資訊自由、經濟自由、貨幣自由、簡單稅制等等，還有香港的大學人才，在三地之中，可能還是比較優秀的一群，還是有發展潛力的。

大陸市場是二十一世紀最大的經濟機遇

再來看看大陸。好處是起步低，增長空間大，發展快，很多困難可以因發展快速而帶過。中國無可否認是製造業的基地，而且大得可怕。大陸目前約有一萬九千億美元的外匯儲備，還有約三萬億美元的老百姓存款在銀行體系，公司的存款也大約有三萬億美元，加起來大約有七、八萬億美元在中國內地，數字龐大。

當然，有人會說大陸的好處是工資很低，這點我也承認，但是工資低是暫時性的。從珠江三角洲慢慢往內地走，內地所有公路、鐵路都是東西走向的，碰到山就往西南或西北走，這些都與低工資有關。大陸最重要的優勢還是市場廣大，這個巨大的市場是二十一世紀人類最大的機遇。

二十世紀人類最大的經濟機遇有兩次，第一次大約是一八九〇至一九一五年的美國，那是「Go west, my son, go west!」西部淘金的年代；第二次的機遇是二戰後的西方國家。而二十一世紀最好的機遇絕對是中國大陸的市場，未來十年、二十年、三十年，內地絕對是二十一世紀人類最大的經濟機遇。

就其他方面而言，中國大陸的教育正在進步；經濟上從前沒錢，現在有錢了；科技方面也有一點實力，特別是很多「海歸」，也就是海外回歸學人，為中國科技作出貢獻；市場經濟還在初階，所以很多法規仍不盡完善；最後，中國至今為止在營商方面好像還沒有出現清晰的成功企業模式，這些方面都是值得我們注意的。最後，還是奉勸大家要小心，在大陸投資的風險還是相當大，社會風險不能不注意。

台灣的人才優勢是合作之基

台灣有不少具國際競爭力的公司，有科技，有資金，有管理水平，從兩岸三地來看，管理水平台灣排名第一。但不管是上游的原物料或是下游有品牌的國際公司，都往大陸看，往大陸移。台灣公司主要在中端，沒辦法不跟著上下游產業轉往大陸。台灣的外銷有百分之四十銷往內地和香港，這是一個大趨勢。

台灣最大的問題是政治，政治像個大石磨掛在脖子上，一不小心就會把台灣往下拉。有人說台灣要作營運中心、經濟中心等等，可惜只能作為台灣本土的金融中心、營運中心，至於作為國際的金融中心、營運中心——恐怕只能是個美好的夢想罷了！

台灣的進出口越來越需要內地；資金方面，兩岸三地都不缺，而國際資本市場是大家都可以利用的，也沒什麼好合作的；最有意思的合作領域是在人才方面。科技上，台灣的科技人才比較強；大陸則方興未艾，特別是海歸；香港科技人才則比較缺乏。經營管理上，台灣有很多優越的大公司，年輕一輩有很多優秀的人才，如果台灣能把管理與科技結合起來，這正是將來賺錢的好機會；這方面中國大陸不過是在起步的階段，還需在培養這方面的管理人才努力。

優缺互補創造三贏大未來

香港有很多事情是能而不做，沒理論也沒科技，要做的事能有成就已不錯了。原因何在？因為香港的商人不看書。在香港，商界領袖與學界完全分開，在台灣像高希均教授這樣被商界尊崇的學者，在香港可以說一個都沒有！在香港，學者瞧不起商人，商人更瞧不起學者。大陸商人也有看書的習慣；大陸所有飛機場都能找到很多談經營、管理、科技的書籍。不過，香港的金融管理不錯，有優秀的專業人士：會計師、建築師、律師、測量師等等，在專業領域是很出類拔萃的。香港在專案管理（project management）方面也表現良好，在服務業也很有貢獻。

兩岸三地倒是有很多可以互補的地方，譬如大陸的市場，台灣的管理，香港的專業人士，加起來是一個三贏的局面。

人類歷史總是循環的，人類社會的經濟體也是循環的，記住這點，可以幫助我們看遠一些，才能比較客觀地預測將來可能發生的事。這幾十年來，兩岸三地的發展，香港曾經是最風光的，現在是風光不再了。所以，無論是香港、大陸或台灣都要小心，否則就會被遺留在歷史的長河裡。

客觀的環境容易改變，如果我們不跟著改變，就很容易有危險。中華文明、華人的智慧不應該被低估，在現有的、非常正面的大環境之下，相信以大家的努力與智慧，三地的人民應該能找出共贏的局面。（本文為天下文化編輯部整理自陳啟宗於二〇〇八年十一月十三日「第六屆全球華人企業領袖高峰會」演講，未經講者審閱。）

陳啟宗先生為香港恒隆地產董事長，是一九九七年金融風暴後，香港地產界少數贏家之一。

電信科技

用網路匯流世界

呂學錦

前言——通訊傳播的重要

先回想兩個重要的歷史場景：

冷戰時期不時有核彈試爆的消息，核武競賽是硬實力發展的極致。當年美蘇之間為了避免錯誤引發不可收拾的後果，白宮與克里姆林宮之間設置了熱線電話，必要時兩國最高領袖拿起熱線電話機就能通話。

太空船或太空梭飛行在太空軌道，它不是斷了線的風箏隨風飄盪，無線電路時時刻刻不停運作，遙測、控制和通訊全程全盤掌握。在美國阿波羅送人登月計畫中，阿波羅十三號載人太空船在環繞月球軌道中機械故障，當時最令人擔心的風險，出現在太空船脫離月球軌道返回地球的那一段旅程。因為太空船必須繞到月球背面，此時無線電受月球本體阻斷，地球與太空船之間的通訊中斷。「保持聯繫」在這時候就顯得特別重要了。

「保持聯繫」事實上普遍存在於我們每天的工作與生活，在家庭成員之間，在朋友之間，在公司工作夥伴之間，在政府與國民之間，以及數不盡的各種社會、經濟、政治、文化、體育、娛樂等活動之間。這是最基本、最起碼的訊息互通，也是經濟活動與社會安全的基本要件。透過平時「保持聯繫」，增進彼此的「相互了解」，更進一步「建立關係」，可以降低因疏離而產生的誤會與敵意，甚至可以在關鍵時刻避免發生悲劇。試想，如果發動毀滅性攻擊的目標，有著與自己關係密切的生命、財產，或者彼此共享的情感和記憶，任何人當會三思而後行。

隨著科技的演進，「保持聯繫」的方式亦與時俱進，電報、電話、電視、電腦、電子資訊與網際網路的應用陸續發展，不但使溝通更為方便與即時，也對日常生活及社會經濟產生重大影響。美國有線電視新聞網曾於二〇〇五年發表過去二十五年來，影響人類生活最重大的二十五項創新發明的調查結果，其中超過半數均與通訊傳播直接間接相關，而排名高居第一的即是「網際網路」，主要原因為網際網路開啟連接世界之門，且相關應用幾乎涵蓋生活各面向，已大幅改變了人類社會的生活型態。在對整體經濟影響方面，全球電信營收（含ISP）占全球GDP比例已從一九九五年約百分之二成長至二〇〇六年百分之三·二，在亞洲、大洋洲及非洲等地區的成長比例更高，其重要性已不言而喻。

網路時代的機會與挑戰

電信與傳播早在一九六〇年代即已連接世界，一九六二年美國AT&T發射Telstar，首次成功進行衛星通訊越洋電話，如今高品質國際電話早已普及全球；一九六四年美國發射「同步衛星三號」轉播「東京世界運動會」，成功開創全球衛星電視轉播的紀元，也奠定了日後美國媒體文化風行全世界的基礎。

原本基於冷戰時期國防通訊考量而發展的ARPANET，因緣際會發展為目前大家熟知習用的網際網路。自一九九一年商業化以來快速發展，至二〇〇八年六月底，全球網路用戶已達十四．六億，網域名稱註冊亦達一．六八億，應用服務也從早期電子郵件、遠程終端模擬、檔案傳輸等，發展至目前幾乎全方位的生活應用。如今電子郵件已大幅取代實體信件，免費電子報已導致實體報紙沒落，英文維基百科的內容已約為大英百科全書的二十倍，全球網路搜尋引擎每天使用比例已由二〇〇三年的百分之三十三增加至二〇〇八年的百分之四十九，全球部落格數量於二〇〇八年三月已超過一．八億，且高達百分之七十七的有效網友會看部落格。從經濟的角度來看，網際網路對許多傳統商業模式形成挑戰，但也帶來許多更大的機會，例如網路廣告以及Web 2.0、客戶產製內容、長尾等新興概念等。二〇〇七年全球網路廣告市場已達二百一十億美金，年成長率百分之二十五．六，大幅領先其他媒體，其中搜尋廣告即占網路廣告市場百分之四十一。且網路在民眾生活的重要性快速提升，二〇〇七年網路到達率從早上七點到晚上八點的時段已超過電視，作為資訊來源重要程度（百分之八十）亦已高於電視（百分之六十八）。

在此同時，全球電信服務市場板塊亦有重大改變，亞洲市場快速興起，目前不管是固網、行動、網路及寬頻用戶，亞洲均已超過歐美等其他區域，成為全球最大的電信市場，尤其在寬頻與行動的應用推展上，亞洲更是領先世界，對於市場發展的影響力也日益增加。面對環境變化與市場機會，如何把握網路匯流世界的機會至為重要。

推展數位匯流有賴密切整合軟、硬實力

在網路開放的世界，可供選擇的內容或應用眾多，經營模式無疑是以用戶為核心，誰能提供滿足用戶需求的服務，誰就可能成功。然而若更進一步觀察，可發現雖然網路內容或應用發展屬軟實力的展現，其關鍵成功因素之一，卻仍需要實體建設（相對而言屬硬實力）作為基礎。如在用戶接取方面，由於

多媒體應用日益普及，不管有線、無線的接取頻寬需求皆快速增加。在有線方面，目前主要接取技術已從銅纜的xDSL逐漸推展至光纜的FTTx；在無線方面，亦從目前主流的第二代、第三代行動通信網路朝向第三・五代及更新一代的網路演進。除了用戶接取網路外，尚需配合傳輸網路、核心網路及海底光纜等跨國網路的布建，才能滿足用戶高頻寬、高品質的連網需求。

我國由於業者的積極投入，對外連網總頻寬已從二〇〇一年五・一Gbps快速成長至二〇〇八年二二三Gbps，前五大連網國家地區依序為美國、日本、香港、大陸及韓國，對大陸連網頻寬的成長尤其快速。在網路訊務品質方面，根據Internet Traffic Report的監測顯示，台灣網路訊務品質不管在回應時間及封包遺失率等方面亦均有優異表現。

在服務推展方面，二〇〇八年六月底，我國有線寬頻網路用戶數已達四百七十萬，家戶普及率達百分之六十五；FTTx用戶達八十萬戶，占整體有線寬頻比率百分之十七，且正快速增加中，為目前寬頻市場中最活躍的連網技術。行動寬頻亦蓬勃發展，第三代行動通信網路用戶數於二〇〇八年八月底已達九百七十四萬，業者並已積極布建第三．五代行動寬頻網路，即時滿足行動寬頻上網需求，目前提供下行最高七．二Mbps、上行最高一．八Mbps速率服務，後續並將持續升級，適時引進下一代網路系統。同時搭配建置有線、無線寬頻網路，業者亦配合提供高速上網、IPTV、行動影音、行動辦公室等創新整合應用與服務。

放眼未來，數位匯流發展已勢不可擋，一方面傳統固網、行動、數據等網路都朝寬頻化與IP化演進，促使網路電話以及互動影音、行車資訊、安全監控、健康照護、教育學習、企業ICT等多元、互動服務興起，並且引發電信核心網路的整合以及固網與行動匯流服務的發展；在此同時，廣播與電視也正進行數位化與IP化，導致電信、傳播、資訊等產業界限逐漸模糊，同一種服務可透過多種網路提供，而同一網路亦可提供多種服務，因而形成跨產業的匯流機會。此外，由於網際網路已打破地理疆界的限制，跨國服務與交易已逐漸成為常態，此亦提供跨地理空間的匯流服務機會。簡言之，數位匯流不但將促成產業的整體質變，未來市場機會也將從國內、業內擴大為跨國、跨業的新領域。

因應此新機會與新挑戰，各國政府與各方業者莫不積極布局，以期在下一波全球產業競爭中搶占優勢地位，而其中最主要的發展基礎，即在於無縫隙整合各種網路與服務的下一代寬頻基礎網路，惟此網路投資金額龐大，回收期長，相關建設實有賴業者的勇於投入與政策的鼓勵。

用網路匯流世界的無限想像

網際網路的發展已把整個世界編織在一起，而寬頻則讓大量資訊得以快速流通。因此，我們可以更有效的結合、運用全球資源，創造人類更美好的未來，舉例而言：

- 在電子商務推廣上：網路購物為明顯應用範例，由於兼具方便與便宜的特性，且服務可跨越地理環境及實體通路的限制，目前已漸為消費者所接受。

依據資策會市場資訊中心整理資料，二〇〇八年美國網路購物市場規模已達二千零四十億美元，我國市場規模亦達二千四百三十億新台幣，預估後續仍有龐大商機可期。

•在協助企業經營上：為協助企業拓展全球市場，便需以網路ICT整合方案，協助企業進行必要的資源整合，包含通訊網路、研發設計、行銷推廣、客服系統等，作到「以全球資源服務全球市場」的「日不落企業」願景。

•在響應綠色環保上：不管是透過網路控制各種用電設備，提供智慧型節能服務，或是打造「能源互聯網」，從生產、儲存到買賣潔淨電力，均整合在一個大型無縫平台，都可透過網路提升服務價值。

•在支援創新研發上：將原本龐大的資料與運算作業拆成眾多較小的工作，透過網路交由多部機器儲存與處理，不但可降低成本、加快速度，甚至可藉以創新服務的經營模式。像雲端運算與近期歐洲粒子物理研究中心（CERN）大型強子對撞機計畫所運用的網格運算均屬之。

•在扶植文化創意上：傳統的文化產業想化危機為轉機，可透過網路之助，結合三D、虛擬實境等技術，打造更虛實合一的文化創意產業新風貌，跳脱時空限制，招徠全球更多市場的目光，為文化傳承找到嶄新出路。

未來，基於下一代寬頻網路的基石，可以提供使用者跨網整合、足夠頻寬與良好品質的網路環境，滿足居家、休閒、移動、工作等不同空間的使用需求，促使日常生活的食、衣、住、行、育、樂等型態改觀，即如科技、品牌、服務、文創、人才、資金、綠能等各種軟實力面向，也都能因網路的加持而發揮更大匯流世界的價值，未來應用充滿無限想像，相關發展亦有待各界共同努力。

呂學錦先生為中華電信公司董事長，曾任交通部郵電司司長、交通部電信研究所所長、交通部電信總局副局長。

創業投資

浸透的力量

劉宇環

軍事戰爭或商場購併的輸贏成敗，往往需要經歷一段時間的考驗才能論斷，最初的贏家後來未必有好下場，輸家卻可能再度崛起。其間的因果，奧妙顯示硬實力只是輸贏的必要條件，但最終的成功，常取決於軟實力。

什麼是軟實力

軟實力的概念是美國哈佛大學教授約瑟夫・奈伊在一九九〇年的著作《責無旁貸的領導：變遷中的美國權力本質》（*Bound to Lead:The Changing Nature*

Of American Power）提出來的。

奈伊真正以軟實力為名的著作在二〇〇四年出版，書名為《柔性權力》（*Soft Power: The Mean to Success in World Politics*），介紹軟實力的來源及定義，以及各國的軟實力何在，並闡明美國的軟實力得以影響世界的原因；更重要的是，他批評近年來美國政府過度濫用硬權力，以致領導地位動搖。即使奈伊理論還不完全受到國際學術界的認同，但影響力可見一斑。

奈伊所說的軟實力指的是什麼呢？我們不妨與硬實力作個比較：硬實力是強制他國的能力，軟實力則是指吸引、勸服他國的能力；硬實力憑藉的是軍事和經濟手段，軟實力則源於一個國家的文化、政治制度和價值觀的魅力。

在國家層面上，奈伊的說法為：所謂「軟實力」，就是「一國通過吸引和說服別國服從你的目標，從而使你得到自己想要的東西的能力」。這點契合我們中國人的傳統思維模式：為謀求影響力而訴諸情（吸引力）與理（說服力），以「合情合理」為處事原則。至於國家軟實力的來源，我們認為，一國的文化、國內政治價值觀，與作為其貫徹與體現的政策、制度、外交政策，以及國民素質和形象，是軟實力的主要資源基礎。

在區域層面上，軟實力是指一個地區通過直接訴諸心靈的方式，動員和發揮心智能量的作用，達到社會和經濟目標的能力。換句話說，就是對內激勵民眾的士氣，整合民眾的力量，發揮民眾的聰明才智；對外吸引人才、資金和技術（包括工業技術和管理、組織技術），以實現區域社會經濟發展目的的能力。

現代經濟學分析證明，這種能力以區域文化、人才素質、公共服務和區域形象為基礎。其中的區域文化，既包括具有區域特色的、靜態的文化，也包括區域的文化生產力。需要說明的是，政治地位——如首都、省會城市等，具有政治地位上的優勢——雖然是一種無形而重要的資源，而且也是區域吸引力的來源之一，但是一般並非區域本身爭取、建設的結果，而更接近於資源稟賦一類，而資源稟賦主要是屬於區域硬實力。

在企業層面上，軟實力指企業以直接訴諸心靈的方式，對外占領利益相關方的心靈，對內運用員工心智力量，以達到企業目標的能力。在企業內部，企業文化、管理制度、組織模式、領導能力和創新能力是軟實力資源；在企業外部，「品牌和服務」、「社會責任」與「企業知名度」三方面，則是軟實力的資源基礎。

企業軟實力與區域軟實力的概念具有高度的相似性，它們的相似之處便是軟實力的本質——源自心靈，訴諸心靈所產生的影響力。歸根結柢，軟實力的核心是人——人的價值觀與聰明才智——和制度（廣義的，包括非正式制度的文化制度）。

在創投事業看見軟實力

回顧從事創業投資二十多年的歷程，由於所投資的對象絕大部分屬於初創型公司，大多沒有很強的硬實力（包括資本、經濟規模、市場占有率），卻逐步邁向成功上市之路，靠的就是堅強的研發實力、認真專業的管理團隊、務實進取的企業文化、素質優良的人力資源，這些也是我們評估投資案時，最主要的幾個考量項目，但這些項目也較難透過數據來了解。

軟實力就像中國的老子所言：「天下莫柔弱於水，而攻堅強者莫之能勝。」軟實力看似「軟」，其實它的浸透力量才是最堅實、最持久的，像水能穿山成谷、透石為穴。

歷史上以硬實力為主要力量所建立的帝國都不長命，例如亞歷山大帝國、秦帝國、成吉思汗帝國，都只存續幾十年。企業也是如此，世界上能夠長青的公司，都有一套長治久安的企業文化與應變機制。

畢竟景氣循環、產業變動、市場生態都難以捉摸，硬實力的優勢有時會成為沉重的負擔，例如台塑集團以市場規模的優勢，二〇〇八年前三季因油價迭創新高，賺了新台幣一千三百多億；但油價從每桶一百四十七美元往下跌破每桶四十美元時，第四季總虧損超過三百億。顯然，憑藉硬實力並不能確保企業穩定發展。

企業要邁向永續經營的大道，必須在逐步建立起硬實力的同時，不迷失於一時的成就，反而趁公司財務體質強健時，勇敢投資不易在短期內看出效果的軟實力。攻城掠地靠硬實力，但確保戰果以至穩定版圖，就需要軟實力。

許多知名的企業都因為太汲汲營營於硬實力（市場宰制地位、擴張經營規模等）的成長，忽略了強化如公司治理、企業倫理等軟實力，造成企業有史以來最大的災難。像一九九五年英國歷史最悠久的投資銀行——霸菱銀行，因投資交易員李森的投機買賣而導致倒閉；同年，台灣的國際票券公司也發生營業員楊瑞仁盜領上百億元票券款項的重大弊案。這些前車之鑑都顯示滴水（軟實力）穿石的可怕。水能載舟，亦能覆舟。

企業的軟實力健康與否，往往在關鍵時刻才能得到印證，這也是一般企業較不重視的原因。治理公司的機制，太平無事時似乎顯示不出它的重要，卻時時保護企業的發展與壯大，它的浸透力就如同一層防護罩，可以防止企業受到突如其來的攻擊。

企業的領導者必須認知，源頭管理是企業管理的根本，經營數據常只是管理良窳的結果，而不是管理的對象。源頭管理常涉及軟實力的建構，包括企業內部的文化、價值觀、管理制度、組織模式、領導能力和創新能力，以及企業外部的品牌形象、服務滿意度、社會責任等等。建立這些機制需要長時間的灌溉，成效也多不易量化或在短時間內顯現，企業的領導者必須對此有高度的認知和堅持，才能為公司打下永續經營的基礎。

再者，一般企業的硬實力（例如製造技術、降低成本的能力）大多可以透過向外取經、移植的方式來提升，所以只要資本雄厚、土地取得無虞、勞工供應無缺、設備採購充足等等，就能快速複製成功模式，建立競爭優勢。傳統的製造產業是典型以硬實力為主導優勢的產業模式。

軟實力的建構則不然，它來自企業的靈魂，來自企業的願景、使命、價值、承諾，無法自外移植，只能在企業自己的土壤上栽育專屬品種。也因為如此，它更能浸透到企業的每一個層面，成為企業內所有成員共同的認知與信仰，發揮心悅誠服的感染力。尤其現在新世代的員工，比較有自己的想法，強調自我實現，誰能領導好這批新世代的員工，誰就能在企業發展上獲取較高的人力資源優勢。發展軟實力，就是吸引新一代優秀人才的重要關鍵。

以我常遇到的企業購併來說，在購併前期，談的固然都是換股條件、股權架構、財務查驗等問題，但實際攸關購併成敗的，常是經營理念的溝通、文化的融合等。

以有著「世界上最幸福公司」美譽的全球記憶體模組龍頭大廠金士頓為例，一九九六年底，一度被日本軟體銀行以十五億美元收購百分之八十股權進行購併，二〇〇〇年因為網際網路泡沫化，軟體銀行不得不處分非核心資產，把金士頓以四億五千萬美元，重新賣回給金士頓的創辦人杜紀川和孫大衛。

對軟體銀行而言，這是項錯誤的購併，因為金士頓是家軟實力非常強的公司，這些軟實力的優勢無法以購併取得，這是所有購併者該學習的一課。

軟硬兼施的成功之道

奈伊所指的軟實力，不同於追求立即、短時間效益的硬實力，是一種長遠持續的力量，慢慢深植人心，以致影響人的生活，進而達到文化上、價值上的同化。

奈伊也承認，軟實力有其限制：它只能對外部世界產生分散的影響，卻不能完成具體的成果。因此，他主張結合軟硬實力，團結最大數量的盟友，減少衝突所激起的敵對或反感情緒，才能打贏目前這場殘酷的、非常規的戰爭。

這對於企業建構軟實力，是一個很重要的認知。軟實力無法攻城掠地。企業要戰鬥、要消滅對手，還是必須以硬實力為前鋒、以軟實力為後盾才是上策。企業領導者應該在公司不同的發展階段，配合當時的營運策略目標，擬定軟硬並進的運用戰略。軟實力的建構需要長期而不斷的堅持。彼得・杜拉克在《二十一世紀的管理挑戰》（*Managecment Challengs for the 21st Century*）一書提到「企業的基本理念必須要有連續性：包括使命、價值、績效和成果的定義等。對於引領變革的企業來說，變是常態，因此它的基礎必須特別穩固」。硬實力可以隨環境轉換快速建構或改變，軟實力卻需要長時間的堅持才能逐漸形成，它必須成為企業的靈魂，浸透到最細微的深處，觸及企業每一份子的心靈。

台灣過去創造的經濟奇蹟，厚植出很堅強的硬實力，但這樣的硬實力常禁不起世界經濟版圖的變動，而面臨後進者的嚴峻挑戰。我們的企業家要在二十一世紀繼續成長茁壯，必須重新認識軟實力的深遠價值，與驚人的浸透力量，才能為自身企業及台灣經濟再創高峰。

劉宇環先生為美商中經合集團董事長，串聯矽谷、台灣、大陸三地資源，致力於中國人的經濟合作。

軟實力是珠三角未來發展的關鍵

林垂宙

梁惠王曰：「寡人之於國也，盡心焉耳矣。河內凶，則移其民於河東，移其粟於河內。河東凶亦然。察鄰國之政，無如寡人之用心者。鄰國之民不加少，寡人之民不加多，何也？」

這段話引自《孟子．梁惠王篇》。梁惠王是春秋各國君主中的佼佼者，勤政勵治，有「闢土地、朝秦楚，蒞中國，撫四夷」的「大欲」。就是說他有廣攬百姓，擴大領域，領導全國的重大志向。他所詰問孟子的，實在可以說是一個合情合理的問題：河內的年成不好，我把人民遷移到河東，又用糧食去支援無法遷移的人。河東收成不好，我亦一視同仁去協助。我這樣關心民困，為什麼還得不到百姓以行動擁護呢？這是《孟子》章句中膾炙人口的「五十步笑百步」故事的背景。

只作產業遷移不能解除困境

珠三角的產業這兩年遭遇到特殊艱難的困境，油價、電價、物料、人工、環保各種成本高漲，二〇〇八年更因關税及勞動法新制，人民幣升值，重重壓縮了企業營運的空間。美國金融海嘯餘波所及，經濟萎頓，許多珠三角出口導向的企業，紛紛應風而倒。據最近報告顯示，一兩年內可能有百分之二十的中小企業，將因為在國際市場上喪失競爭力，被迫關閉。預估受到失業影響的人口，恐將超過百萬。為了減少這些後果及影響，根據新聞報導，廣東省委書記汪洋將斥資五百億人民幣，協助產業界遷移，希望在三年內把珠三角的部分企業轉移到粵西粵北等地區。這樣一方面可以解除珠三角產業成本高漲的困境，一方面亦為落後地區奠定工業經濟的基礎。看來這是「一石兩鳥」的妙計，已贏得不少掌聲。

這個時刻讀《孟子・梁惠王》，加深我內心不甚落實的感覺。遷移企業，能夠解除珠三角產業及區域發展的基本困難嗎？上面所提到的大環境改變，對全國工業都產生重大壓力，珠三角為何特別脆弱，以至於應變維艱？

對於廣東的計畫，因為沒有詳細資料，無法分析。從報紙所描述的來看，政策動機及目標非常崇高，值得讚賞，乃是理所當然的。我所擔心的是政策實行的效果，恐怕非常有限。主要的原因，在於政府往往以硬實力為施政的目標，忽略了軟實力的影響和發展。產業內移樂觀的估計，可從短程來說，這個計畫應可使受到影響的企業及勞工，得到一些財務上的紓解，使災害延遲一段時間爆發。悲觀的預測，是從長程來看；它可能把沒有競爭力的經濟體系蔓延到其他地區，降低了未來廣東全省的競爭力，並破壞生態環境，形成更多工業災難區。

遷移企業，基本上是叫業主連根拔起，重起爐灶，這是何等重大的決定。

有實際運營經驗的企業主應反省，他的企業失去競爭力的主要癥結是什麼？遷移能否解開這個結？他應繼續問：政府鼓勵企業搬去的地方，有沒有可用的人力、能支撐的技術、集聚的上下游、暢通的運輸、配套的服務、簡便而有規範的政府行為。這些都是企業成本及競爭力的重要因素。對期待產業遷入的社區來說，這是上級替他們招商引資，喜出望外之餘，除了應好好考慮如何加強社會條件，使未來企業能持續經營，還要考慮如何處理這些工廠所排放的廢水、廢氣、廢料，及所帶來的工業安全災害、地方交通擁塞及外來人口的衝擊等。藍天綠水的生活環境，可能一去不返，這將如何因應？具體檢討這些問題，才能了解企業遷移的困難，並期待實際的效果。

重視軟實力才能振興新經濟

珠三角是中國工業、經濟、外貿發展最早的地區，又有香港伙伴關係的協助，國際市場經驗豐富，可以說是中國最重要的經濟區域。但是最近十年來，昔日的光輝，已經慢慢褪色。許多經營高新產業的外商到中國投資，最吸引他們的並不是珠三角。台灣的企業家，許多喜歡去長三角的上海、崑山、杭州。新加坡、日本的投資者，許多到了蘇州、南京。天津、北京更是韓日歐美跨國科技公司的最愛。珠三角的問題在哪裡？

珠三角的困境，其實是長期以來忽略軟實力所形成的。所謂「軟實力」，包括好學開拓的人才，獨特創意的技術，高效落實的創新，崇法可信的政府，公義簡明的法規，清潔和諧的環境等。

我個人訪問過許多地區的城市，許多書記市長大多積極展示當地有多少電力，多少公路，創造了多少出口，繳納了多少稅金，能給廠商多少優惠等等。但是他們地方招商引資的工作，老是達不到年度目標，所以紛紛希望加強實績。縱然這些領導都強調科技是第一生產力，對科學發展保持先進精神、經濟不忘環保、發展以人為本等等綱領，都能倒背如流。但他們更知道，到了年終算帳時刻，經濟成長和繳稅金額仍舊高於一切。所以戮力政績工程，實為第一優先，其他的先放一邊吧！

我常問領導，當地及齡青年就學率多少、各級畢業生升學率多少、高等院校的成績、科教文經費在預算中的比重，地方技術特色，企業成本的比較等等，多數領導常是瞠目以對，不知所云。

我建議這些領導，要發展地區的經濟，首先應塑造地區的遠景，商訂長程發展的目標；其次規劃高增值、有未來性、適合地區發展的產業；然後了解企業者真正的需要，採取鼓勵企業吸引投資的措施。這是地區長程發展的三部曲，可惜多數領導沒有耐心聽完。

以我個人的觀察，有前瞻性的企業家，不論投資的是衣、食、住、行任一行業，或者是奈米、生技、無線網路等高科技，最注意的是目標地區的人才、技術及企業社會環境。至於水、電、路、房，那些普通一般看得見的硬體，只是必要的條件，不是充分的條件。而大而化之、模稜兩可的優惠諾言，常常變成未來掣肘的圈套，反而令真正的企業家望而卻步。歸根結柢，有宏觀思維的大企業家所關心的，是地區的軟實力。

大珠三角人才的特色

軟實力的根源在人才，說到人才，評論家常提到北京天津，是皇綱所在，北大清華，是學界泰斗；長三角文風鼎盛，全國狀元魁甲大半出自於此。珠三角不過化外南蠻之地，自然相形見絀。這種說法，不無坐井觀天之誤。

大珠三角的人才出類拔萃，是現代中國的翹楚。遠的不說，且從清末看起，在政治上，洪秀全的太平天國，康有為、梁啟超的變法圖強，是結束滿清王朝的歷史先鋒。孫中山所領導的革命，開啟了中國的民主共和政體。民國初年政壇上的胡漢民、汪精衛、廖仲凱、薛岳，都是叱吒風雲，不可一世。中國共產黨的前期領袖，如葉挺、彭湃、李立三、葉劍英，大開風氣之先。黃埔軍校，是國共兩黨領導人物的搖籃，影響遍及全國。在實業家方面，容閎、詹天佑有不世貢獻；科學家如吳大猷、鄭觀應；藝術家如馬思聰、冼星海，更是四海揚名。至於急公好義的社會領袖，如前年去逝的霍英東，為社會留下不可磨滅的勳業。大珠三角，實在可以說地靈人傑，自古而然。要能了解中國歷史文化的發展，才能體會大珠三角人才的特出。他們大多是開創卓立，對全國有宏觀影響的人，並非只擅吟詩作賦的騷人墨客可比。

然而十多年來大珠三角的人才逐漸式微，技術進展緩慢，行政效率落後，環境品質衰退，這些都是我們所應虛心探討的。能夠這樣，才能正本清源，對症下藥，以解決珠江三角的困境，振興未來。

結語

孟子講究愛民治國，再三強調要從「謹庠序之教，申孝悌之義」做起。這是政府培養人才，端正社會風氣和企業環境的根本，也就是軟實力的建設。有軟實力為基礎，硬實力才能有用武之地。《孟子．梁惠王》中的另外一段話，發人深省。孟子說：

蓋亦反其本矣。今王發政施仁，使天下仕者皆欲立於王之朝，耕者皆欲耕於王之野，商賈皆欲藏於王之市，行旅皆欲出於王之途，天下之欲疾其君者皆欲赴訴於王；其若是，孰能禦之。

孟子所勾畫的遠景，不只是一個知識份子喜愛的國度，亦是一個農業、商貿、旅遊各業蓬勃發展，而能容納政治異見的天地，多麼令人嚮往。這應是珠三角甚至於長三角及其他區域發展的標竿。有志者，當若是。

林垂宙先生曾任香港科技大學副校長、台灣工業技術研究院院長，主持香港科大、霍英東基金會及廣州市政府合作建設廣州南沙資訊科技園計畫。

四部曲

一

與永續發展接軌

大小創意齋負責人　姚仁祿
（《遠見》雜誌　提供）

IC育才

硬底子的教育軟實力

吳重雨

近代著名教育家黃炎培寫給兒子的座右銘有一段這麼寫著：「如若春風，肅如秋霜，取象於錢，外圓內方。」這樣中國式的處世哲學，在現代的西方國際關係理論中得到最佳印證。

過去，大家著眼的是國家的經濟、軍事力對其他國家的影響，也就是所謂的硬實力。然而哈佛大學奈伊教授卻提出「軟實力」的概念，也就是文化、價值觀、想法、意識型態等如何影響我們的未來生活。

無形的軟實力成為每個國家最核心的價值，擁有雄厚的軟實力，才能掌握全球經濟危機後的發展契機。而高等教育正是形構國家軟實力的重要環節。

如何在高等教育中，培育具有軟實力的未來領導人才，同時形成創新前瞻的研發機制與能量，解決人類面臨的重大困難，探索宇宙的新知識，正是大學面對的最大挑戰。

以傳遞人類知識聖火為己任

一流大學想培養學生面對未來世界的能力，就得先為他們打好軟實力的根基。交通大學畢業生向來受到企業的肯定，也在科技產業中擔任要角。但是，現在除了在校為學生打好硬底子，我們體認到更需要讓軟實力深入人心，這包括國際觀與國際競爭力、熱情與興趣、閱讀能力、獨立思考與創新力、開闊的胸襟與包容關懷、溝通能力以及誠信。這些軟實力的培養，需要學生自己努力，也需要大學在環境及教研的投入來配合。

世界是平的，國際化的結果使得全球學子都將在同一平台上競爭，而不僅僅是自己身旁的同儕。當世界持續、也更快速邁向全球化的同時，我們所有人所面對的競爭壓力跟改變，跟過去的世代迥然不同。這幾年台灣的高等教育以邁向全球百大為終極目標，在全體教授的共同努力之下，交大在工程領域的研究能量成果獲得台灣第一，但是這個目標是交大面對的重要競爭，卻不是交大唯一的使命。扛起傳遞人類知識聖火的責任，讓所有自動自發的學習者都能夠平等、自由的接觸寶貴知識，是我們的新目標，而這也是我們培養軟實力的另一個開端。

以網路開放式課程分享資源

去年開始，白啟光等幾位教授開始投入參與ＭＩＴ的網路開放式課程，率先將交大的課程導入該聯盟，成為華文世界第一個推出開放式課程的學校，至今已推出四十四門課程，包括二十八門全影音課程，內容包含微積分、普通物理、數位電路設計與台灣史等，以中文為主，網站流量從最初每月六千人次增加到每月六萬人次。近來更進而與其他大學一起組織「開放式課程聯盟」，擴大結盟，共同分享資源，造福熱切的主動學習者。交大也因為白啟光等幾位教授的理想與熱情，得以號召國內大學一起響應，將知識的聖火傳遞出校園的圍牆，擴及華文世界的學習者。

以人性關懷運用所學

未來人才需要的才能不僅僅是知識的學習，生命經驗的融合更加重要。不久前唐麗英教授指導的博士班學生劉鎮源，發明盲人電話機，並且獲得德國紐倫堡發明獎銅質獎。他的獲獎值得慶賀，但是讓我最感到驕傲的是他這項發明的動機。

原來他的靈感來自於在新竹市仁愛之家擔任志工的經驗。他看到一位盲人遍尋不著手機的焦慮，而引發了他的發明。這項發明不僅能協助視覺失能者克服障礙，以聲控的方式操作電話，方便視覺失能者建立對外聯繫管道，加強醫療防護的緊急聯絡系統，更有強調環保設計的可回收外殼。他這項發明最大的成就，就是將學習的專業回饋給需要的人，而他讓人動容的精神，卻是源自他人性關懷的溫馨與改善使用者困境的熱情。這正是我們期待學生積聚軟實力展現出來的真功夫。

以線上讀書會社群推廣閱讀

生活經驗無法抵達的地方，就用閱讀吧！在強調全人教育聲中，我們深信科技與人文兩種素養，是每個學子經過高等教育的淬鍊必須兼備的。

交通大學在二〇〇七年推動「新文藝復興閱讀計畫」，邀請十位各領域的大師各推薦十本經典書籍，每學期並邀請專家學者為學生導讀這些經典書籍，希望藉此拓展他們的視野，不局限於自己專攻的領域，更將此納入通識課程。也與「I'm TV」合作，將現場導讀實況放入網站，讓全球華人都能夠看到精采的導讀過程，並在交大學生創業成功的「FunP推推王」網站，推動線上讀書會社群，希望透過討論與參與，讓學子汲取書中寶藏與先進的見地，培養出自己專屬的軟實力！

以跨系所的合作建立團隊合作

比爾．蓋茲曾說：「在每個孩子都受到最美好的教育之前，在每個街角都清乾淨之前，絕對不怕沒有事做。」在經濟低迷之際，正是創造機會，發展軟實力和研究嶄新教育方式的最佳時機。

大學應該建立創新研發的實驗室及機制，鼓勵教授及學生投入創新的前瞻研究，並能實作成雛形系統。

在實驗室內，教授、研究生及大學部學生形成跨系所、領域的團隊，例如人文藝術領域的師生與生醫理工管理領域的師生合作，由系統的外觀、風格、人機介面，而至內部機件，從創意、設計而至實作、量測，使每一位學生充分發揮創新力。

同時在過程中，學習以開闊的胸襟，跨領域合作；以包容關懷，形成合作無間的團隊；藉由與跨領域的同儕互動而增加溝通能力。交大將在二〇〇九年嘗試開始建立這樣的創新改革。

希望台灣的高等教育能在各大學的共同努力下，成為一片軟實力的沃土，讓每一位教授得以實現他們的夢想及理想，讓每一位年輕生命的種子得以發芽成長。

吳重雨先生為國立交通大學校長，也是國內ＩＣ設計業的權威，由他主持的三〇七實驗室，成為培養許多ＩＣ設計頂尖人才的搖籃。二〇〇八年首創台灣生醫電子工程學會，推動生醫工程研究與產業。

生命科學

綠能軟實力

花小錢救物種

李家維

熱、平、擠是現代人的困境，但是對地球來說，卻是稀鬆平常。地球是火裡來火裡去，在四十七億年前宇宙的這個角落誕生，當時無數的小行星匯聚撞擊，分別帶來了水、岩石和礦物，火紅一片，接著地殼冷卻、海洋誕生、生命開始孕育。從三十八億年前到現在，生命的發展過程裡，挑戰不斷。我們曾經歷酷寒，全世界的海洋凍結成冰；我們曾經歷酷熱，在極區了無冰雪。天災是地球的宿命，引發過多次的大滅絕，災難曾幾乎毀滅了所有形式的生命，但是殘存的生命終究又找到出路，持續演化，發展出更多樣的變化。

人類的演化與困境

二十萬年前，在東非，現代智人崛起了，憑著精良的手藝創造出獵殺工具，憑著絕對的冒險心，造出小船，看著海上的浮雲，一個島嶼一個島嶼的征服。在五萬年前，現代人已經到達澳洲；四萬年前，從南邊的海洋繞道日本，由北方進入了中國大陸；一萬年前，從印度南方走陸路進入廣東，然後往北遷移，與北方的先民融匯成中華民族；當足跡到達美洲南端時，人類完成了最偉大的遷徙。

在賽倫蓋帝草原上可以看到無數的羚羊和角馬，但是沒有幾頭獅子。人類如同獅子，站在食物金字塔的頂端，這是一個絕對浪費的角色。一萬年前，地球的資源已經養不活人類了，由留下來的遺骸化石，可以知道當時的人類祖先是瘦弱多病的。在資源窘困下人類被迫選擇農業，從獵殺和茹毛飲血，我們改變了生活形式，也因此釋放了雙手，並創造了文化。

中國的農業在康熙當政時，可以滋養一億人口，當時全世界有五億人；到了乾隆皇帝時，中國人口倍增，當時世界上有十億人；國父孫中山革命的時候，我們有四萬萬同胞，世界上有二十億人；但是到了今天，人口已快速增加到六十八億人；預估二〇五〇年時，會持續擴展到九十億人口。每年將增長七、八千萬人口。

到哪裡找這麼多食物來餵飽子孫們呢？這就是人類今天的挑戰。耕地不可能再擴張，熱帶雨林的開發多年來不曾停止過，地球上的物種因為人類擴張棲地和農業利用，正快速的滅絕。二十一世紀結束時，我們所賴以生存的植物，將有三分之二的物種會滅絕。

在台灣打造熱帶植物的諾亞方舟

世界上有多項拯救植物的行動正在開展，英國成立「千禧年種子銀行」，要保存兩萬五千種植物的種子；挪威興建「種子儲藏庫」，在極區北地的隧道裡存放全球作物的種子；中國則興建「中國西南野生生物種質資源庫」，要保存青藏高原的特有植物。

但是這些努力都不足以拯救地球上最豐富的熱帶物種，因為熱帶植物的種子壽命短、保存不易，只能靠活體種植來延續生命。

在這樣的情況下，我們於二〇〇七年成立了「辜嚴倬雲植物保種基金會」，在屏東高樹鄉辜振甫先生墓園邊的泰和農場，開始興建熱帶植物保種中心。經過兩年的努力，我們已擁有九千多種來自世界各熱帶地區的植物，其中蘭科和蕨類植物的收藏已經是世界之最。

這是個和時間競賽的保種行動，往後將持續擴展，成為世界上最重要的熱帶植物種源庫。期望未來有一天，當人類覺醒而且有餘力重建熱帶雨林生態區時，這裡所保存的物種可以成為復建的基石。

小錢就能救物種

世界上有更多物種方舟需要整建，在台灣和中國大陸的華人企業家，可以在這個契機掌握先進的角色，把永續的關懷擴展到世界各個角落。這個行動需要的不是龐大的資金，而是智慧的選擇與熱情的投入。

在非洲北端，撒哈拉沙漠正無情的擴張。北非跟中非國家聯手，希望建立一道十五公里寬、七千公里長的綠色長城，以阻擋撒哈拉沙漠的蔓延。這個具有高度國際能見度的計畫正等待資金投入，三百萬美金即可開展。

非洲西南的納米比亞有一座農場正待售，兩萬公頃的土地上，有無數的野生動物和珍稀植物，還有非洲最原始的岩畫和五億多年前的重要動物化石，只要一百萬美金，就可以擁有和保存這麼一個生態寶庫。

二〇〇八年是國際愛蛙年，「蛙」這個平常大家並不關注的角色，正在全球快速消失。牠的滅絕是環境劣化的指標，全球二千多種蛙類已有一百五十種滅絕，還有更多正步向滅絕之途。

在動物園裡，養一頭大象，一年需要十萬美金；但是拯救瀕臨滅絕的青蛙，一個物種十萬美金便綽綽有餘。

過去大家把資源投注在保育明星物種上，忽略了穩定整個生態系的眾多卑微成員。其實，牠們更重要，更需要關愛。

有無數的方舟計畫正待開展，這正是熱忱的企業家展現世界公民風範的時機。

李家維先生為辜嚴倬雲植物保種基金會執行長、清華學院院長，曾任國立自然科學博物館館長，是一位生命科學專家。

創意思考

剛柔之間見實力

姚仁祿

小學時，老師教「以柔克剛」的道理，用的是颱風來時小草不倒大樹倒下的例子；中學物理課，老師教導「以柔克剛」，舉的例子是「水刀可以切石」，「滴水可以穿石」。

年幼聽這些道理，甚覺有理，不覺有何不妥。年紀大了，才漸漸理解，以柔克剛，關鍵不在分辨「剛」、「柔」孰強，而是體會「剛柔之間」如何才能恰到好處，如何才能成就萬事萬物。明白「剛柔之間」不分勝負而是關係，需要看得更真，也需要想得更深。

仔細觀察、體會「剛柔之間」的關係，就能理解水刀切石的功能，貴在水與石相遇之時。「剛柔之間」的關係是「高速水、不動石」，而不在水柔石剛；所以水刀切石「以柔克剛」，並非恰當比喻，剛柔之間「合適的關係」才是關鍵。

怪不得《周易・繫辭》一開頭就以「剛柔相摩，八卦相盪」的概念，花了很多篇幅說明「剛柔之間」相濟而不相克，互為成就而不對抗的道理。

同樣的問題誤解，也存在於新近流行的「軟實力」概念。軟實力的道理，貴在理解「實力」二字，不在強調「軟」勝過「硬」。

「軟實力」概念的形成，來自反思久遠以來「克敵以硬力」的偏頗概念。人類對「力」的理解，一直是「硬勝軟」的船堅砲利思想。在「剛是強；柔是弱」的思想氛圍之中，「以柔克剛」的說法只不過是這種以「硬力」為主流的思想裝飾。直至二十世紀末葉，西洋才逐漸體會「力」分硬軟，柔軟也是「力量的一種有用形式」，也因此而有「soft power」之說興起。

然而，如果過度強調「軟力」，而以為「以柔克剛」才是現代主流，那又忽略了東方古人以「剛柔相摩，八卦相盪」闡釋的「柔剛並濟」的共生思想。

我很喜歡現在「soft power」的中譯是「軟實力」而不是「軟力」。體會「實力」而不僅是「力」，是很要緊的功課。

從前人只知用「力」，忽略「實」字，因此剛柔之間，總是力度用濫了、用猛了，成了武力、暴力。好比開瓶，力量錯用，瓶是開了，卻也破了，目的似乎達到，卻不只沒有達到，還損失慘重。

回顧二十世紀，人類無論與同類相處或與自然界相處，總是這樣，將力量用在蠻力、預力之上，徒然有力，卻沒有「實力」。

「實力」應視之為「實際有用的力量」，而不是「戰勝的力量」；二十世紀的越戰與伊拉克戰爭，都應讓我們理解，「戰勝的力量（蠻力）」，並不會產生什麼實際的好處。

那麼，何謂「實際有用的力量」？《周易・繫辭》上篇說：

……是故剛柔相摩，八卦相盪。鼓之以雷霆，潤之以風雨，日月運行，一寒一暑，乾道成男，坤道成女。乾知大始，坤作成物。乾以易知，坤以簡能。易則易知，簡則易從。易知則有親，易從則有功。有親則可久，有功則可大。可久則賢人之德，可大則賢人之業。易簡而天下之理得矣；天下之理得，而成位乎其中矣。

我們深入思考上面這段文字，應該可以理解，「乾（剛）知大始，坤（柔）作成物」，進而明白「以剛知、以柔作」的道理。換言之，實力（實際有用的力量）就是以堅定（剛）的力量求知，以柔軟（柔）的力量執行，達成「易知，易從。可久，可大。」的力量。

至於「剛柔之間」怎麼做到「剛柔相摩」呢？《淮南子．氾論訓》說得最明白：

聖人之道，寬而栗，嚴而溫、柔而直、猛而仁。太剛則折，太柔則卷，聖人正在剛柔之間，乃得道之本。

體會「軟實力」的精髓，從「寬而栗，嚴而溫、柔而直、猛而仁」想起，大概不會錯。

姚仁祿先生為知名建築設計師、大小創意齋負責人。提倡「輕媒體─Media Lite」，致力推動以創意為核心價值的新媒體。

時尚文創

橄欖樹

徐莉玲

在寫這一篇文章前，我為將來讀到這本書的孩子們跪下禱告，當我開始動筆前，我起念想在每日必讀的《荒漠甘泉》中，找出一篇文章當作引言，很神奇的，在三月二十九日青年節的這一篇，我讀到以下故事：

古時有一個修道士，種了一棵橄欖樹。他禱告說：「神啊，它需要水分，好叫它柔嫩的根得吸收而長發。求祢降下滋潤的甘霖。」神就降雨下來。他又禱告說：「神啊，我的樹需要日光，我求祢給它日光。」於是雲散雨止，神就給它日光。他再禱告說：「神啊，現在它需要霜來堅固它的組織。」看哪！那株幼小的植物上果然罩上了一層薄霜。但是到了傍晚，它死了。

於是他去見另一個修道士，詢問自己奇異的經歷。那修道士回答說：「我也種了一棵小樹。看哪！現在長得多麼茂盛。我沒有為我的樹操一點心，只把它交給它的神。造它的神知道它的需要，遠勝過像我這樣無知的人。所以我並不向神提出條件、建議、方法。我禱告說：『神啊，祢把它所需要的給它，無論是風、是雨、是霜、是雪、是日光、是什麼……祢既造它，祢一定知道它，也一定會供給它。』」

外在打擊是內心靈性的祝福

親愛的孩子們，我將這篇文章送給你們，願神把你們需要的給你們，願你們勇敢迎戰此刻景氣寒冬裡的風、雨、霜、雪……，我們這一輩的師長、父母都已不再能「自以為是」的為你們下指導棋，為你們鋪路了，因為我們該謙虛下來，承認自己的經驗已與你們未來的挑戰大大不同了。此刻正是你們尋找新的實力，迎接生命中嚴峻考驗的時候。

其實我是為你們慶幸的，在你們年輕的時候就能先遇上風、雨、霜、雪……的險境，比起我們這一輩有些人不幸在中、老年才遇上這一波世紀大蕭條，你們是多麼幸運！因為人生的試鍊都是在造就生命的，困境與患難也許會一時拆毀你們的機會，可是卻能建立你們的品性，磨練你們的毅力，外在環境最大的打擊，乃是內心靈性最大的祝福。如果上天允許台灣的年輕一代此刻臨到艱難，那無薪、失業於大家都是有益的。這個人生樂章進行到的「休止符」，是叫你們停下腳步，好好省思，把握這段時間增強自己的實力，訓練自己在度過艱難後能成為精兵，在「休止符」後的下一拍，當樂音再度揚起，景氣回暖時，你們定將超越我們，成為迎接華人龐大市場商機，掌握台灣自創品牌發展的幸運之星。

世紀競爭中的新路徑

在這之前，我想與大家分享我的觀察：橫亙在你們面前的將是一場科普式微，自然反撲的新世紀競爭。未來的世界將翻轉前世紀科學普及，將全球一村化，將人為極致化的趨勢，回歸到新世紀人類必須思考與自然共存，重新找回各地區特色，修彌上世紀科普使各地民族文化特色發展停滯不前的夢魘，世人將開始追求土地尋根，返璞歸真的生活，各地的文化創造力也將百花齊放，成為後科普時代的文藝復興榮景，特別是我們身處的亞洲，在上世紀西化之後，東方的特色反將成為這世紀的機會。

年輕人此刻要探索的新路是：

- 如何使自己成為對大自然好奇，擁有敏銳觀察力的人，從中領悟出人生哲理，建立對生命正確的價值觀。
- 如何使自己成為對文化創意愛好，擁有多元美感吸收能力的人，從中認識自己的文化根源、體驗全球創意、培養原創風格與整合特色的潛能。

- 如何使自己成為對眾人有「利他心」，擁有互助互惠豐沛人脈的人，從中建立起專業知識與特殊技藝的網絡，作為事業發展、跨業合作的基礎。
- 如何使自己成為對社會有「關懷心」，能以同理心設身處地，為他人著想的人，從中以別人的角度出發，感受需求，未來作出能幫助別人、對社會有意義的事。
- 如何使自己成為一個有「宗教信仰」，能在信、望、愛中生活的人，從中鍛鍊自己堅強的毅力、耐心，作為生命奮鬥歷程的活水。

如果現在的你長期被桎梏在單項學習的教育體制下，浸淫在急功近利的社會風氣中，束縛在等待下單的代工產業中，此刻正是你「改變」的時候——問問自己有沒有能力作出「令人感動，使人認同，創造歡樂，製造驚豔，撫慰人心，賦予意義」的事。如果不能，歡迎你來體驗文化創意產業的活動，接觸它，參與它，學習它，它將改善你的生活，放寬你的視野，提高你的眼光，觸動你的靈感，增強你的美力，培養你的品味；如果你能，更歡迎你加入文化創意產業社群的一份子，你可能就是下一個「海角七號」的魏德聖。

你可以從事的文化創意產業

最後我提供文化創意產業的行業表給大家，仔細閱讀這個表，未來，或許在長輩期許的理工、法商、生醫系所之外，你可以選讀這些科系，進入這些領域，使你的興趣、生活、工作融為一體。這些行業在上世紀看起來無法餵飽肚子，但在未來的五至十年，他們運用「文化資本」的能力，將使行業內的機會與成長遠遠超過其他產業。這些行業裡的人才都是能夠協助你打造企業品牌、培養生活品味的人，是你未來進入感性經濟時代不可或缺的重要夥伴，在他們的跨業跨界加值下，你才能擁有新世紀必備的軟實力。

祝福你們成為結實纍纍的橄欖樹。

文化創意產業範疇

- 視覺藝術產業

凡從事繪畫、雕塑、版畫、攝影、裝置藝術、錄影藝術、行為藝術、數位藝術微噴及其他藝術品的創作、拍賣零售、畫廊、藝術經紀代理、藝術顧問、公證鑑價、修復、裝裱等之行業均屬之。

- 表演藝術產業

凡從事各類型歌劇、戲劇、舞蹈、音樂的表演及導演、劇本創作及修編、作詞作曲編曲編腔、表演訓練、表演服裝設計與製作、表演造形設計、專業容妝、道具設計、燈光設計、表演場地（劇院、音樂廳、露天舞台等）、表演團體經營管理、表演設施經營管理、表演藝術經紀代理、表演藝術硬體服務（道具製作與管理、舞台搭設、燈光設備、音響工程等）、表演藝術節經營等行業均屬之。

- 文化展演產業

凡從事美術館、博物館、藝術中心、文創園區、音樂廳、劇院、劇場、藝術村、策展活動及經營等軟硬體行業均屬之。

- 工藝產業

凡從事工藝創作、生產、展售、工藝品鑑定、工藝工坊及工藝周邊產製服務等行業均屬之。

- 文化內容及出版產業

凡從事新聞、雜誌、書籍、唱片、錄音帶、電腦軟體等具有圖、文、畫、影、音各項著作權創作、發行及銷售等行業均屬之。

- 數位內容及應用產業

凡從事數位內容之蒐集、加工、製作、儲存、檢索及傳送等相關服務之產業。包含數位遊戲、電腦動畫、數位學習、數位影音、數位藝術、行動應用服務、網路服務、內容軟體、數位出版與典藏等行業均屬之。

- 電影產業

凡從事電影製作、發行、映演及衍生之影音相關產業均屬之。

- 廣播電視產業

凡從事廣播、無線電視、有線電視以及未來以其他不同型式傳輸之影音節目製作與經營、國際節目代理買賣等行業均屬之。

•網際網路產業

凡從事入口網站、內容網站、網路平台服務、部落格平台服務、網路影音服務、網路社群服務、網路通訊服務、網路內容遞送服務、行動網路服務等行業均屬之。

•廣告產業

凡從事品牌行銷顧問、數位媒體廣告、藝企媒合、市場調查、廣告代理、廣告企畫、媒體宣傳物之發想、拍攝、製作及公關、促銷活動、媒體購買等行業均屬之。

•工業設計產業

凡從事以人類需求為導向的有形無形產品設計與服務，包括生活型態研究、趨勢研究、生活用品開發、生活用品設計、環境器具設計、人因工程、結構工程、材料應用、介面設計、模型製作、色彩計畫等行業均屬之。

•視覺傳達設計產業

凡從事品牌定位、企業識別及活動形象系統計畫之平面設計（含商標設計、基本設計系統、文具應用設計、標示設計、文宣品設計、吉祥物造型設計）及立體設計（含品牌制服設計、店面櫃台設計、空間配件設計）及文化圖騰之應用設計、包裝設計、網頁多媒體設計、設計諮詢顧問等行業均屬之。

• 建築空間設計產業

凡從事都市、城鄉、建築、景觀、環境之規劃、設計、管理等設計服務。建築造型、特殊結構、帷幕外牆等建築外觀之專案設計。建築系統、材料、構件等建築設施及產品之設計。上述與建築相關等設計行業均屬之。

• 室內設計產業

凡從事室內設計之規劃、設計、管理等設計服務，提供室內空間專案之展示、布置、陳列、裝飾等設計工作。家具、燈具、家飾等生活用具之設計，廚具、衛浴等生活設備之設計等與室內相關等設計行業均屬之。

• 時尚生活產業

凡從事時尚生活之食、衣、住、行、育、樂各項可提供文化探索、創意體驗之品牌產品及服務等行業均屬之。

• 會展賽事產業

凡從事舉辦主題式大型國際交流聚會，如：國際級的會議、論壇、運動賽事與產業推廣展覽活動之企劃、顧問與經營等行業均屬之。

徐莉玲女士為學學文創志業股份有限公司董事長、學學文化創意基金會董事長。一九八七年獲日本流行協會第一屆「創意大賞海外獎」；二〇〇七年獲香港設計中心第五屆「亞洲十大影響力機構設計大獎」。

Note

Note

國家圖書館出版品預行編目資料

贏在軟實力：華人企業領袖的二十堂課／馬英九等著.
　；王力行主編. -- 第一版. -- 台北市：天下遠見, 2009.03
面；　公分. --（社會人文；282）

ISBN 978-986-216-300-9（精裝）

1. 企業領導　2. 企業經營

494.2　　　　98003881

社會人文 282A

贏在軟實力

華人企業領袖的二十堂課

作　　者／馬英九、連　戰、王建煊、陳長文、郝龍斌、胡志強、周功鑫、
嚴長壽、劉育東、白崇亮、王俠軍、陳啟宗、呂學錦、劉宇環、
林垂宙、吳重雨、李家維、姚仁祿、徐莉玲、高希均
總編輯／吳佩穎
責任編輯／潘貞仁（特約）、沈維君
封面設計／張議文
內頁美術設計／吳靜慈（特約）
章名頁照片提供／《遠見》雜誌、陳柏年、陳宗怡

出版者／天下遠見出版股份有限公司
創辦人／高希均、王力行
遠見・天下文化 事業群榮譽董事長／高希均
遠見・天下文化 事業群董事長／王力行
天下文化社長／王力行
天下文化總經理／鄧瑋羚
國際事務開發部兼版權中心總監／潘欣
法律顧問／理律法律事務所陳長文律師　著作權顧問／魏啟翔律師
地　址／台北市104松江路93巷1號2樓
讀者服務專線／(02) 2662-0012　　傳　真／(02)2662-0007；(02)2662-0009
電子郵件信箱／cwpc@cwgv.com.tw
直接郵撥帳號／1326703-6號　天下遠見出版股份有限公司

電腦排版／立全電腦印前排版有限公司
製版廠／東豪印刷事業有限公司
印刷廠／祥峰印刷事業有限公司
裝訂廠／精益裝訂股份有限公司
登記證／局版台業字第2517號
總經銷／大和書報圖書股份有限公司　電話／(02)8990-2588
出版日期／2009年3月26日第一版第1次印行
2024年2月29日第二版第1次印行

定價／380元
條碼：4713510944387
書號：BGB282A

天下文化官網　http://www.bookzone.com.tw

天下文化

BELIEVE IN READING